预拌混凝土生产工国家职业技能培训教材

预拌混凝土操作员

山东硅酸盐学会　编　著

中国建材工业出版社

图书在版编目(CIP)数据

预拌混凝土操作员/山东硅酸盐学会编著. --北京：中国建材工业出版社，2023.8
预拌混凝土生产工国家职业技能培训教材
ISBN 978-7-5160-3733-1

Ⅰ.①预… Ⅱ.①山… Ⅲ.①预搅拌混凝土－职业培训－教材 Ⅳ.①TU528.52

中国国家版本馆 CIP 数据核字(2023)第 053298 号

预拌混凝土操作员
YUBAN HUNNINGTU CAOZUOYUAN
山东硅酸盐学会　编　著

出版发行：中国建材工业出版社
地　　址：北京市海淀区三里河路 11 号
邮　　编：100831
经　　销：全国各地新华书店
印　　刷：北京印刷集团有限责任公司
开　　本：787mm×1092mm　1/16
印　　张：9.5
字　　数：220 千字
版　　次：2023 年 8 月第 1 版
印　　次：2023 年 8 月第 1 次
定　　价：68.00 元

本社网址：www.jccbs.com，微信公众号：zgjcgycbs
请选用正版图书，采购、销售盗版图书属违法行为
版权专有，盗版必究。本社法律顾问：北京天驰君泰律师事务所，张杰律师
举报信箱：zhangjie@tiantailaw.com　　举报电话：(010)57811389
本书如有印装质量问题，由我社市场营销部负责调换，联系电话：(010)57811387

《预拌混凝土生产工国家职业技能培训教材》编委会

主　　　任　辛生业
执行副主任　彭　建
副　主　任　刘光华　金祖权　宋　翊
编　　　委　（以姓氏笔画为序）

丁　宁	于光民	于　琦	丰茂军	王目镇
王会强	王安全	王　芳	王学军	王修常
王晓伟	王　谦	尹群豪	孔凡西	龙　宇
冯富宁	匡利君	巩运刚	庄广利	刘立才
刘庆安	刘汝海	刘红洋	刘秀杰	刘智青
齐继民	闫来因	许建华	孙述光	孙　倩
孙源兴	孙慧琴	李长江	李　冬	李　军
李昊源	李晓凤	李海波	李　萃	李辉永
李　强	李悦慧	肖维录	时中华	宋瑞旭
初军政	张广阔	张　伟	张　杰	张　峰
张海峰	张　磊	张　玲	陈仲圣	陈芳重
陈　辉	邵志刚	尚勇志	周宗辉	周建伟
官留玉	孟令军	孟　扬	赵玲卫	赵秋宁
胡　博	柯振强	钟安祥	祝尊峰	姚亚楠
袁　冬	贾学飞	徐元勋	徐　华	高贵军
高　鹏	郭良家	曹中立	曹现强	曹　剑
常胜亚	谢慧东	窦忠晓	褚　杰	蔡　亮
臧金源	赛同达			

策　　　划　彭　建

《预拌混凝土操作员》

主　编　龙　宇
副主编　时中华　高贵军　匡利君　徐　华
主　审　张　磊

序

我国拥有全球最大的建筑市场,市场份额占全球的 30%,商品混凝土产量位居全球第一。

我国在预拌混凝土、预制混凝土各个产业领域规模以上企业的数量持续增长,骨干企业规模不断扩大。鉴于我国混凝土产业快速发展和产业结构优化升级局面的逐渐形成,以提升职业素养和职业技能为核心打造一支高技能人才队伍,成为一项亟待完成的任务。

职业培训是提高劳动者素质的重要途径,对提升企业的竞争力具有重要、深远的意义。鉴于目前我国预拌混凝土行业缺乏职业技能培训教材,编写教材成为当务之急。自 2021 年 12 月开始,山东硅酸盐学会联合中国硅酸盐学会混凝土与水泥制品分会、山东省混凝土与水泥制品协会、中国联合水泥集团有限公司、山东山水水泥集团有限公司、青岛理工大学、济南大学、山东建筑大学、临沂大学等 42 家组织、企业与高校,着手编写《预拌混凝土生产工国家职业技能培训教材》。

教材编写人员多为在山东预拌混凝土生产一线工作的优秀科技人员。教材采用问答方式,提出问题,给出答案;内容注重岗位要求的基本生产技术知识的传授,主要解决生产中的实际问题。历时一年多,编写团队数易其稿,于 2022 年年底完成了教材的编写工作。诚挚感谢大家的辛勤劳动。

山东硅酸盐学会常务副理事长
泰安中意粉体热工研究院院长
2023 年 3 月

前　言

为了规范预拌混凝土行业职业技能培训工作，不断提高职工技术水平，应山东省广大混凝土企业的要求，山东硅酸盐学会根据人力资源和社会保障部2019年颁布的《水泥混凝土制品工》《混凝土工》国家职业技能标准，组织有关单位编写了《预拌混凝土生产工国家职业技能培训教材》。

按照预拌混凝土生产工工种不同，教材共分5册：《预拌混凝土质检员》《预拌混凝土试验员》《预拌混凝土操作员》《预拌砂浆质检员》《预拌砂浆操作员》。

教材采用问答方式，按照混凝土从业人员初级、中级、高级、技师、高级技师的不同技能要求，提出问题，给出答案。在内容上，注重岗位要求的基本生产技术知识，主要解决生产中的实际问题。教材主要适用于混凝土行业开展职业技能培训和鉴定工作，亦可供从事混凝土科研、生产、设计、教学、管理的相关人员阅读和参考。

中国硅酸盐学会混凝土与水泥制品分会对教材编写工作给予积极支持。

参加教材编写的有中国联合水泥集团有限公司、山东山水水泥集团有限公司、山东省混凝土与水泥制品协会、青岛理工大学、济南大学、山东建筑大学、临沂大学、泰安中意粉体热工研究院、日照市混凝土协会、青岛青建新型材料集团有限公司、山东鲁碧建材有限公司、山东重山集团有限公司、济南鲁冠混凝土有限责任公司、日照中联水泥混凝土分公司、润峰建设集团有限公司、日照市睿航光伏科技有限公司、山东恒业集团有限公司、日照山河超细材料科技有限公司、济南中联新材料有限公司、日照鲁碧新型建材有限公司、济宁中联混凝土有限公司、枣庄中联水泥混凝土分公司、日照汇川建材有限公司、日照市城镇化建设服务中心、山东龙润建材有限公司、山东华杰新型环保建材有限公司、青岛伟力工程有限公司、山东华森凤山建材有限公司、日照市东港区建设工程管理服务中心、日照新港市政工程有限公司、日照高新环保科技有限公司、日照腾达混凝土有限公司、山东港湾建设集团有限公司、日照市政工程有限公司、青岛青建蓝谷新型材料有限公司、日照弗尔曼新材料科技有限公司、日照经济技术开发区建设质量监督站、日照五色石新型建材有限公司、滕州市东郭水泥有限公司、东平中联水泥有限公司、鱼台汇金新型建材有限公司、济南长兴建设集团工业科技有限公司等42家单位。

各册主要编写人员如下：

《预拌混凝土质检员》：张磊、谢慧东、于光民、徐元勋、巩运钱、张秀叶、张鑫、徐敏、李冰、赵文静、赵秋宁、吴树民。

《预拌混凝土试验员》：于琦、李长江、王晓伟、窦忠晓、王修常、王腾、许冬、李浩然、刘宗祥、方增光、郑园园、陈衡、王玉璞。

《预拌混凝土操作员》：龙宇、时中华、高贵军、匡利君、徐华、尹群豪、华纯溢、宋瑞旭、张海峰、王志学。

《预拌砂浆质检员》：王安全、曹现强、孟令军、常胜亚、李萃、梁启峰、张鑫、张峰、李军、尚勇志、赵文静、高岳坤、王立平、袁冬、张秀叶、刘平兵、韩丽丽。

《预拌砂浆操作员》：贾学飞、丁宁、张伟、李辉永、赵玲卫、徐敏、王安全、张鑫、段良峰、袁冬、梁启峰、宋光礼、赵文静、钟安祥、常胜亚。

在此，对上述单位和同志的大力支持与辛勤工作一并表示感谢！

由于编者水平有限，教材难免有疏漏和错误之处，恳请广大读者提出批评和建议，使教材日臻完善。

编者
2023 年 1 月

目 录

1 基础知识 ··· 1
2 专业知识与技能 ··· 12
　2.1 五级/初级工 ·· 12
　2.2 四级/中级工 ·· 40
　2.3 三级/高级工 ·· 76
3 安全与职业健康 ·· 116
　3.1 安全生产 ·· 116
　3.2 职业健康 ·· 125
　3.3 绿色生产 ·· 129
附录　国家职业技能标准——混凝土工(2019年版,节选) ··············· 132
参考文献 ·· 138

1　基础知识

1. 混凝土的定义是什么，简述混凝土的作用

混凝土简写为"砼"（tóng），即人工石材之意。广义的混凝土泛指由胶结料（无机的、有机的、无机有机复合的）、颗粒状骨料以及必要时加入化学外加剂和矿物掺合料，按一定比例拌和，并在一定条件下经硬化后形成的复合材料。混凝土的种类非常多，按胶结料种类划分为水泥混凝土、沥青混凝土、树脂混凝土等。在建筑工程领域，如无特指，混凝土通常是指水泥混凝土（简称混凝土），即以水泥、粗骨料、细骨料和水为主要原材料，也可以加入外加剂和矿物掺合料等材料，经拌和、成型、养护等工艺制作的、硬化后具有强度的工程材料。预拌混凝土操作员的主要职责就是拌和混凝土，也称混凝土搅拌工。

混凝土是目前人类社会使用量最大的建筑材料，被广泛应用于各种建筑物和构筑物。传统混凝土由水泥、粗骨料、细骨料和水四种原材料拌和而成。随着混凝土技术的进步，外加剂和矿物掺合料逐步成为混凝土不可或缺的第五、第六组分，在现代混凝土技术中发挥着越来越重要的作用。

2. 水泥的定义是什么，简述水泥的作用

广义的水泥泛指细磨成粉末状，加入适量水后，可成为塑性浆体，既能在空气中凝固硬化，又能在水中凝固硬化，并能把粗、细骨料牢固地胶结在一起的水硬性胶凝材料。而只能在空气中凝固硬化，不能在水中凝固硬化的胶凝材料，被称为气硬性胶凝材料，如常见的石灰、石膏等。水泥的种类非常多，按矿物组成分类，有硅酸盐水泥、铝酸盐水泥、硫铝酸盐水泥、铁铝酸盐水泥等。同样，在建筑工程领域，如无特指，水泥通常是指通用硅酸盐水泥（简称水泥），指由硅酸盐水泥熟料和适量的石膏以及规定的混合材料磨细制成的水硬性胶凝材料。

其中，硅酸盐水泥熟料是指主要含氧化钙（如石灰石）、二氧化硅（如硅石）、三氧化二铝（如黏土或页岩）、三氧化二铁（如铁尾矿）等的原料，按适当比例磨成细粉烧至部分熔融所得到的以硅酸钙为主要矿物成分的水硬性胶凝材料。

混合材料是指在水泥生产过程中，为了改变水泥品种，改善水泥性能，调节水泥强度等级，降低成本等，而加入的人工或天然的矿物材料，如粉煤灰、矿渣、火山灰等，类似于混凝土中的矿物掺合料。

石膏的作用主要是调节水泥的凝结时间。

水泥是建筑工业三大基本材料之一（另外两种基本材料是钢材和木材），使用广，用量大，具有较好的可塑性、适应性、耐久性，是在混凝土中起到胶结硬化作用的无机胶结料，被广泛用于建筑工程。如果没有水泥的胶结作用，骨料就是一堆散沙。水泥生产工艺示意如图 1-1 所示。

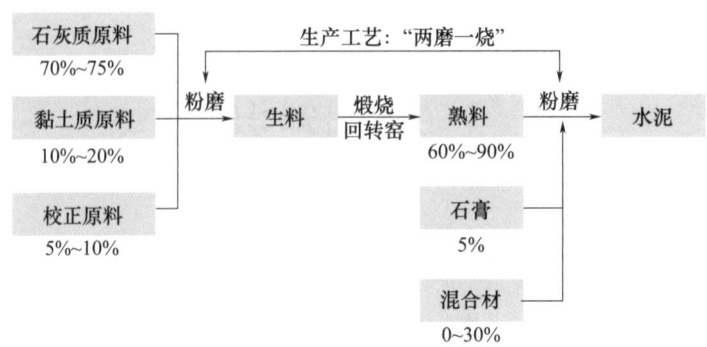

图 1-1 水泥生产工艺示意图

3. 骨料的定义是什么，简述骨料的作用

骨料是指在混凝土中起骨架和填充作用的岩石颗粒等粒状松散材料，也称集料。骨料按颗粒的粒径大小分为粗骨料和细骨料，其中粒径大于 4.75mm 的颗粒称为粗骨料（俗称石）；粒径范围在 0.075～4.75mm（含）的颗粒称为细骨料（俗称砂）。而粒径小于 0.075mm（含）的颗粒则通常称为泥或粉。

粗骨料按形成过程分类，分为碎石和卵石两大类。其中由天然岩石、卵石、矿山废石等经机械破碎、筛分得到的粗骨料被称为碎石；由自然风化、水流搬运和分选、堆积而形成的表面较光滑的粗骨料被称为卵石。

同样，细骨料分为天然砂和机制砂两大类。由自然条件作用形成的，经人工开采和筛分得到的细骨料被称为天然砂，包括河砂、湖砂、江砂、山砂、淡化海砂等；经除土处理，由机械破碎、筛分得到的细骨料被称为机制砂，俗称人工砂。而由机制砂和天然砂按一定比例混合而成的砂被称为混合砂。

由于骨料体积约占混凝土总体积的 70% 左右，除了骨架填充作用外，骨料还有减少混凝土收缩开裂，以及调整混凝土密度的作用。用不同密度的骨料可配制不同密度的混凝土，如用黏土陶粒、粉煤灰陶粒等密度较小的骨料可以配制轻骨料混凝土；用重晶石、铁矿石等密度较大的骨料可以配制重混凝土。不同密度的混凝土有着不同的用途，如轻骨料混凝土可以降低建筑物自重，有保温、隔热等作用；重混凝土主要用于防辐射混凝土工程。常见的普通砂、石配制的混凝土称为普通混凝土。

4. 简述水在混凝土中的作用

水是混凝土原材料中唯一的液态组分（绝大多数的液体外加剂是由固体外加剂溶解在水中形成的），因此水在混凝土凝固前主要起调节流动性的作用，可提高混凝土的可塑性、流动性，便于混凝土浇筑成型。另外，水与水泥接触就会发生水化反应，使水泥浆体逐渐凝结、硬化产生强度，同时将骨料牢固地胶结在一起，最终形成水泥石以及混凝土。因此水在混凝土凝固硬化过程中还起到水化增强作用，是水泥水化的重要反应物。如果没有水，水泥就是"泥"，混凝土的所有性能都将无从谈起。对于水泥混凝土而言，水和水泥缺一不可。

5. 外加剂的定义是什么，简述外加剂的作用

外加剂是指在混凝土搅拌之前或拌制过程中加入的，用以改善新拌或硬化混凝土性能的材料，多以液体化工合成材料为主，因此也称化学外加剂。外加剂掺量较少（通常不超过胶凝材料总量的5%），但效果明显，能够大幅度降低混凝土的用水量、改善混凝土的和易性、提高混凝土的强度以及耐久性，具有"四两拨千斤"的作用。外加剂的发明及应用，极大地促进了混凝土新技术的发展，促进了工业副产品在混凝土中的应用，是显示一个国家混凝土技术水平的标志性产品，已成为配制现代混凝土必不可少的第五组分。

外加剂的种类、性能非常多。按照功能可以分为四大类：

（1）提高混凝土流动性能、泵送性能的外加剂，如减水剂、泵送剂等。
（2）调节混凝土凝结时间、硬化性能的外加剂，如缓凝剂、促凝剂、早强剂等。
（3）提高混凝土耐久性能的外加剂，如引气剂、防冻剂、膨胀剂、阻锈剂等。
（4）改善混凝土其他性能的外加剂，如加气剂、发泡剂、着色剂等。

在预拌混凝土领域，使用量最大的外加剂是以减水剂为核心的各种复合功能型外加剂，如缓凝型减水剂、早强型减水剂、引气减水剂、防冻泵送剂等。

6. 矿物掺合料的定义是什么，简述矿物掺合料的作用

矿物掺合料是指以硅、铝、钙等一种或多种氧化物为主要成分，具有规定细度，掺入混凝土中能改善混凝土性能的粉体材料，其作用与外加剂类似，因此也称矿物外加剂。另外，矿物掺合料与水泥一样同属粉体材料，并且能够与水泥水化产物发生二次化学反应，或起到微集料填充作用，从而提高胶结强度，因此也被称为矿物胶凝材料或辅助胶凝材料。水泥和矿物掺合料总称胶凝材料。

常见的矿物掺合料有粉煤灰、矿渣粉、石灰石粉和硅灰等。其中：

粉煤灰亦称飞灰，是从火力发电厂煤粉炉烟道气体中收集的烟道灰，经风选或粉磨后得到的具有一定细度的粉体材料，即煤炭燃烧排放烟气中的细灰，其主要成分是二氧化硅、三氧化二铝等。

矿渣粉是粒化高炉矿渣粉的简称，是从炼铁高炉中排出的，以硅酸盐和铝硅酸盐为主要成分的熔融物炉渣，经水淬冷成粒后粉磨所得的粉体材料。

石灰石粉是以一定纯度的石灰石为原料，经粉磨得到的具有规定细度的粉状材料，其主要成分是碳酸钙。

硅灰也称硅粉，是在冶炼硅铁合金或工业硅时，通过烟道排出的粉尘，经收集得到的以无定形二氧化硅为主要成分的粉体材料。

7. 简述混凝土的宏观结构

在现代混凝土六大组分中，水、胶凝材料及外加剂拌和成为净浆；净浆与细骨料拌和成为砂浆；砂浆与粗骨料拌和最终成为混凝土。从广义上讲，砂浆也是混凝土，属于没有粗骨料的特殊混凝土。混凝土的宏观结构就是各种大小不同、形状各异的粗、细骨料颗粒不均匀地随机分布在净浆中（图1-2），其中起胶结作用的是净浆凝结硬化而成的水泥石。从本质上讲，水泥石本身就是人工石材，属于没有粗、细骨料的特殊混凝土。

但水泥石由于没有粗、细骨料的骨架和填充作用，极易收缩开裂，并且成本太高，因此很难作为工程结构材料被大量单独使用。

8. 简述混凝土发展简史

原始混凝土可以追溯到公元前，当时所用的胶凝材料为天然的黏土、石灰、石膏、火山灰等，如中国的万里长城、埃及的金字塔、古罗马建筑等，相当于用原始的砌筑砂浆将砖或石材砌筑在一起。现在的混凝土随着水泥的发明而形成和飞速发展，距今已有近 200 年的历史。混凝土原料易得，成本较低，并且能够满足建筑工程所需要的可塑性、强度以及耐久性，因而得到普及，已成为目前人类社会使用量最大的建筑材料，目前及以后相当长时间内难有完全的替代品。混凝土发展史上有几个重要节点：

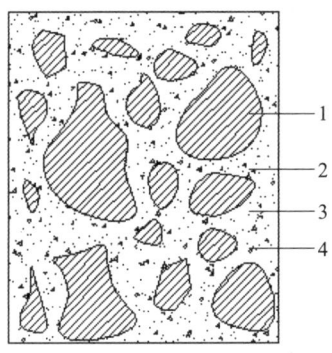

图 1-2　混凝土宏观结构示意图
1—石；2—砂；3—水泥浆；4—气孔

（1）1824 年，英国人约瑟夫·阿斯谱丁（Joseph Aspdin）第一个获得了生产"波特兰水泥"的专利。因为该水泥水化硬化后的颜色类似于英国波特兰地区建筑用石料的颜色，所以被称为"波特兰水泥"。随后，水泥混凝土诞生。

（2）1867 年，法国人约瑟夫·莫尼埃（Joseph Monier）申请了钢筋混凝土发明专利，这标志着钢筋混凝土时代的开始，也是钢筋混凝土预制工业的萌芽。钢筋混凝土的发明是混凝土技术的第一次飞跃，其克服了混凝土抗拉强度低，抗冲击性能差的缺点，使混凝土的应用范围扩大。

（3）1928 年，法国人弗雷西内（Eugène Freyssinet）发明了预应力钢筋混凝土施工工艺。预应力钢筋混凝土的发明是混凝土技术的第二次飞跃，其极大地提高了混凝土的抗裂性能，为钢筋混凝土结构在大跨度桥梁、高层建筑，以及防震、防裂等方面的应用开辟了新的途径。

（4）1937 年，美国人斯克里彻（E·W．Scripture）取得了用亚硫酸盐纸浆废液改善混凝土和易性，提高混凝土强度和耐久性的发明专利，拉开了现代外加剂应用的序幕，是混凝土技术的第三次飞跃，标志着流动性混凝土时代的开始。混凝土外加剂的出现，尤其是高效减水剂的大量使用，不仅改善了混凝土的各种性能，而且为混凝土施工工艺的发展创造了良好的条件。

（5）1990 年，美国国家标准与技术研究院、美国混凝土协会召开会议，首次提出高性能混凝土概念。1997 年，我国混凝土科学技术先驱与奠基人吴中伟院士首次提出绿色高性能混凝土概念，并指出绿色高性能混凝土是混凝土的发展方向，更是混凝土的未来。

近年来，世界各地致力于开发研究多种新型混凝土，如活性粉末混凝土，变色、灭菌、环境调节、智能混凝土，低碳混凝土等高新技术混凝土。这些新技术的发展，说明混凝土性能还有很大的潜力，在混凝土技术和应用方面有着很大的发展空间。

9. 混凝土的品种有哪些，是如何分类的

随着科学技术的进步，满足各种工程需要的混凝土品种越来越多，其分类方法多种多样，较常见的几种分类方法如下：

（1）按主要胶结料或辅助胶结料分类，如水泥混凝土、沥青混凝土、树脂混凝土、粉煤灰混凝土、石灰石粉混凝土等。

（2）按骨料种类以及混凝土干表观密度分类，如轻骨料混凝土（干表观密度不大于 1950kg/m³）、普通混凝土（干表观密度为 2000～2800kg/m³）、重混凝土（干表观密度大于 2800kg/m³）。

（3）按混凝土性能分类，如高强混凝土、自密实混凝土、防水抗渗混凝土、防冻混凝土、补偿收缩混凝土（微膨胀混凝土）、透水混凝土、超缓凝混凝土、超高性能混凝土等。

（4）按混凝土结构抗裂或配筋方式分类，如素混凝土（结构中不含钢筋）、钢筋混凝土、预应力混凝土（结构中含预应力钢筋）、纤维混凝土等。

（5）按应用领域分类，如道路混凝土、大坝混凝土、水工混凝土、海工混凝土等。

（6）按浇筑或成型工艺分类，如泵送混凝土、喷射混凝土、碾压混凝土等。

（7）按混凝土或构件的生产方式分类，如现拌混凝土、预制混凝土、预拌混凝土。

10. 混凝土基本性能要求主要包括哪几个方面

混凝土作为用量最大的建筑工程材料，要满足四个方面的基本性能要求：

(1) 满足浇筑施工工艺要求的工作性能。

(2) 满足结构设计强度要求的力学性能。

(3) 满足长期使用环境要求的耐久性能。

(4) 在满足上述性能要求的前提下，要有经济性能。

11. 简述混凝土的优缺点

混凝土从诞生至今约 200 年之所以能得到不断发展，成为目前人类社会使用量最大的建筑材料，以及在今后相当长时间内难有完全的替代品，主要是因为混凝土与其他建筑材料相比（如石材、木材、钢材等），其具有一系列的优良性能和特点：

(1) 原材料来源丰富，能就地取材，生产成本低。

(2) 强度较高，像天然石材一样坚硬；耐久性好，适用性强，无论是在水下还是海洋，无论是寒冷还是炎热，在这些环境都能适用。

(3) 可塑性好，在凝固前具有一定的流动性，便于浇筑施工，满足不同结构形式的要求；性能灵活，可根据不同需要配制不同强度、不同性能的混凝土。

(4) 作为基材，混凝土与其他材料的复合能力强，如钢筋混凝土、纤维增强混凝土、聚合物混凝土等。

(5) 作为建筑材料，较之木材、塑料、钢材，混凝土具有良好的耐火性能。

(6) 混凝土结构一旦投入使用，维修工作量少，维修费用低。

(7) 可有效地利用工业废渣，如粉煤灰、矿渣、尾矿粉等，节约资源，减轻环境污染。

(8) 构件成型方式灵活多样，可在施工现场搅拌浇筑，也可在构件厂成型到现场拼装，还可集中在搅拌站生产混凝土运到现场浇筑。

混凝土及其构件有一些缺点，具体如下：

(1) 混凝土的脆性大，抗拉强度低（约为其抗压强度的 1/20～1/12），抗冲击性能差。

(2) 自重大，普通混凝土的表观密度一般在 2350～2450kg/m³，而普通黏土砖的表观密度一般在 1800kg/m³ 左右，导致地基处理费用增加。

(3) 体积稳定性差，干燥收缩大，在荷载作用下的徐变大，易开裂。

(4) 若为墙体材料，其热导率比较大，约为普通黏土砖的 2 倍，节能性能差。

随着混凝土新技术的发展，上述缺点完全可以通过合理的设计、适当的选材以及严格的质量管理和控制来加以弥补。

12. 预拌混凝土的定义是什么

预拌混凝土是指在搅拌站（楼）生产的，通过运输设备送至使用地点，交货时为拌和物的混凝土。混凝土拌和物是指尚未凝固的混凝土，也称新拌混凝土、新鲜混凝土。凝固后的混凝土为硬化混凝土，最终成为混凝土构件。

简单地说，预拌混凝土是相对于之前施工单位在现场搅拌、自产自用的混凝土而言的，是指在施工现场之外预先集中生产，然后送至工地使用的混凝土拌和物。这种混凝土可由专业化预拌混凝土企业生产，然后像商品一样卖给施工单位使用，因此通常俗称商品混凝土。

预拌混凝土的生产及质量验收执行《预拌混凝土》（GB/T 14902—2012）。

13. 预拌混凝土有哪些特性

作为混凝土拌和物，预拌混凝土具有以下几个特性：

(1) 时效性。

受到混凝土凝结时间的限制，预拌混凝土在失去塑性之前必须要完成出厂、运输、交货、浇筑等全过程，整个过程一般最长不宜超过 4h。因为预拌混凝土生产后不能库存，因此销售半径较短（通常最大运输距离不宜超过 30km），完全是订单式即时生产，对生产效率、生产调度的时间控制要求较高。

(2) 半成品性。

预拌混凝土交货时呈拌和物状态，需要在施工地点经过施工单位的浇筑、振捣、养护等工艺过程，最终成为硬化混凝土以及结构成品。其硬化后的质量不仅与拌和物质量有关，也与施工质量以及结构设计、使用环境等因素有关。预拌混凝土出厂交货时的状态与最终使用状态不一致，因此属于半成品。

(3) 质量复杂性。

预拌混凝土质量随着时间和环境的变化而变化，并受施工和设计的影响，很多性能（如凝结时间、抗裂性、强度、耐久性等）在交货时都无法检测出结果。一旦检测结果不合格，因为混凝土早已浇筑成型，不能退货处理，就只能维修、加固，甚至拆除。因为影响预拌混凝土质量的因素复杂多变，具有不确定性及滞后性，因此对生产和施工的过程质量控制要求较高，质量纠纷较多。

14. 简述预拌混凝土的优点

尽管预拌混凝土存在上述特性，或者说缺点，但预拌混凝土具有生产集中、设备工艺先进、计量准确、产品质量稳定、生产效率高，便于实现现代化专业管理，能满足工程设计的各种需求，有利于新技术、新材料的推广应用，有利于散装水泥、工业废渣和建筑垃圾的综合利用，具有绿色生产、环境保护和资源节约等优点，符合当代循环经济和可持续发展的需要，因而得到广泛使用。

15. 简述预拌混凝土发展简史

世界上第一家预拌混凝土企业于 1903 年在德国成立，预拌混凝土于 20 世纪 50 年代在欧美得到普及，我国直到 20 世纪 70 年代后期，在常州、北京、上海等地才出现第一批预拌混凝土企业。1994 年，建设部将预拌混凝土应用技术列为建筑业重点推广应用的 10 项新技术之一，同时预拌混凝土应用也是国家"十五"计划重点扶持项目之一，预拌混凝土开始在我国普及。2003 年商务部、公安部、建设部、交通部联合发文《关于限期禁止在城市城区现场搅拌混凝土的通知》，规定我国所有城市城区从 2005 年 12 月 31 日起禁止现场搅拌混凝土，必须推广使用预拌混凝土，预拌混凝土进入高速发展期。现在作为建筑工程生产方式的重大变革，预拌混凝土应用数量和比重，已成为一个国家混凝土工业生产水平的重要标志。

16. 简述预拌混凝土的生产工艺流程

预拌混凝土的生产工艺流程主要包括原材料贮存、供料、计量、搅拌以及运输和交付等。其中操作员主要负责的计量和搅拌属于关键工序，对预拌混凝土产品质量影响较大，因此操作员是非常重要的工种。预拌混凝土常规生产工艺流程如图 1-3 所示。

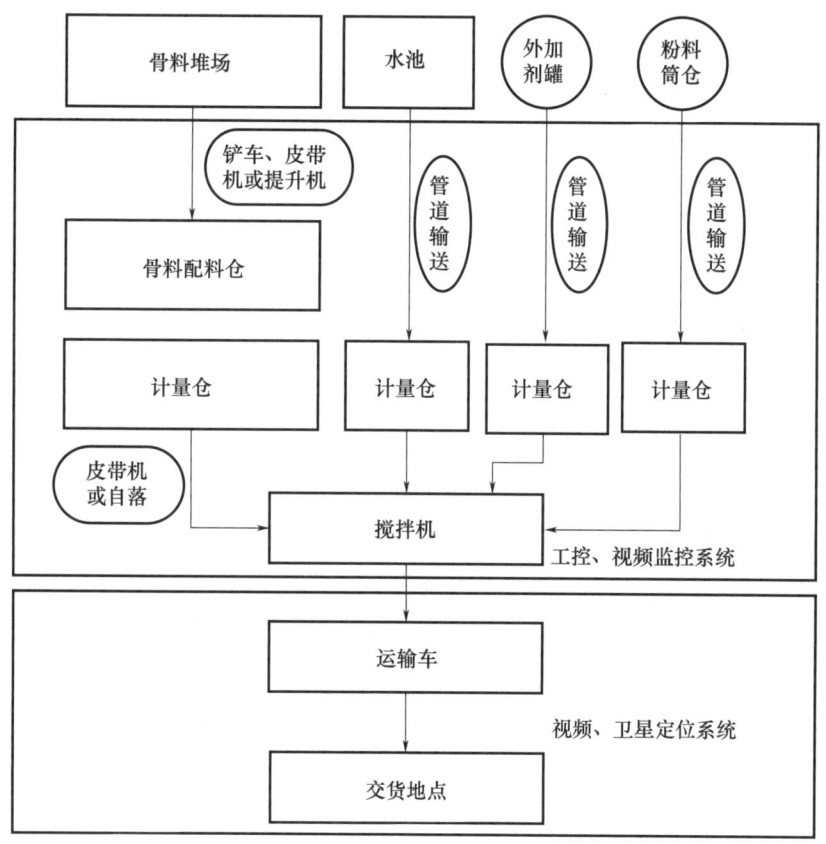

图 1-3 预拌混凝土常规生产工艺流程

17. 混凝土搅拌机是如何定义和分类的

混凝土搅拌机是将各种原材料拌和成混凝土的主要机械，搅拌机在运行中将不同原材料搅拌混合均匀最终成为混凝土拌和物。搅拌机有两种存在形式以及搅拌方式：一种是施工现场独立使用的单机，用于现场零星搅拌生产混凝土，大多采用自落式搅拌方式。另一种作为搅拌站（楼）的配套主机，用于生产预拌混凝土，大多采用强制式搅拌方式，搅拌机工作原理示意图如图1-4所示。

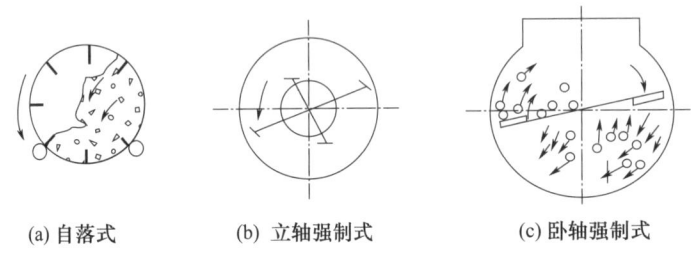

(a) 自落式　　　(b) 立轴强制式　　　(c) 卧轴强制式

图1-4　搅拌机工作原理示意图

自落式搅拌机在搅拌筒转动时，由固定搅拌筒壁上的叶片将原材料带至高处，原材料靠重力自行下落进行搅拌。这种搅拌机的优点是结构简单、设备磨损程度小、使用及维修简单，但搅拌强度小、生产效率低、拌和质量差。

强制式搅拌机的搅拌机主体不动，借助于固定在搅拌机水平轴（也称卧轴）或垂直轴（也称立轴）上的叶片转动，对原材料进行强制多方位导向搅拌。这种搅拌机的优点是搅拌强度大、生产效率高、拌和质量好，但结构复杂、设备磨损快、故障率及维修成本高。

依据搅拌机的公称容量（一罐次或一盘次搅拌混凝土的最大体积），搅拌机分为0.5方机、1方机、2方机、3方机、4方机、4.5方机等。

18. 简述搅拌站（楼）的结构及分类

搅拌站（楼）是用来大批量集中搅拌混凝土的联合装置，一座搅拌站（楼）又被称为一条混凝土生产线，由储料系统、供料系统、配料系统以及搅拌系统等几大系统组成。为了实现生产的工业化及自动化，还需要其他配套系统，如气路系统、液压系统、润滑系统、电气系统、控制系统、监控系统等。

搅拌站（楼）根据骨料配料仓的位置及骨料倒运次数分为单阶式和双阶式两种。

单阶式的工艺流程是骨料一次性从堆场提升到最高处的配料仓，然后靠自重依次落入计量仓及搅拌机，采用这种方式的生产线通常称为搅拌楼。搅拌楼的优点是占地面积较小、生产效率较高，一座搅拌楼内可以装多台搅拌机；缺点是建筑高度大、投资大、不能搬迁。

双阶式的工艺流程是骨料先从堆场倒运到配料仓，落入计量仓称量后再提升到高处的搅拌机中，采用这种方式的生产线通常称为搅拌站。搅拌站的优点是建筑高度小、投资小，可以搬迁；缺点是生产效率略低，一套搅拌站只能装一台搅拌机。

单阶式和双阶式搅拌站的工艺流程示意如图1-5所示。

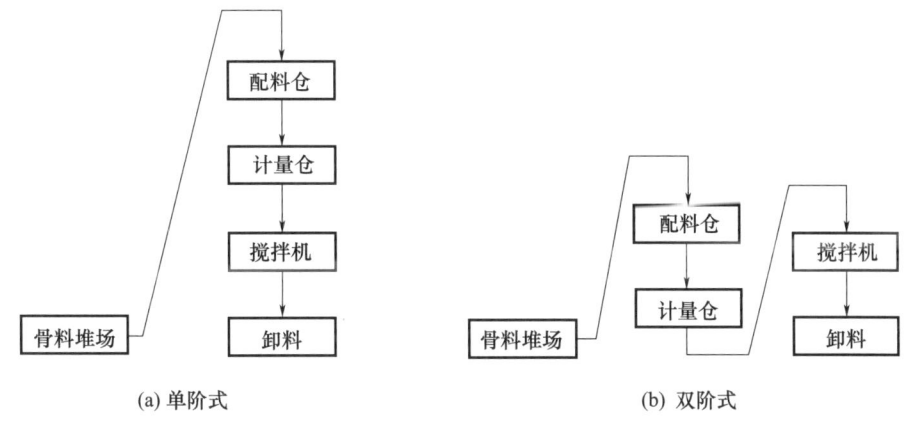

(a) 单阶式   (b) 双阶式

图 1-5　单阶式和双阶式搅拌站的工艺流程示意

为了保障供应的及时性和连续性，避免因搅拌站设备故障影响生产，预拌混凝土企业的生产线至少以双搅拌站配置为主。另外，依据搅拌站（楼）的理论生产率，即搅拌站（楼）1h 的混凝土理论生产量，搅拌站（楼）分为 90 型、120 型、150 型、180 型、240 型、270 型等。

19. 简述混凝土搅拌运输车的结构及性能

混凝土搅拌运输车（简称搅拌车），是用来运输预拌混凝土的专用车辆。车上装有圆筒形搅拌筒用以装载混凝土拌和物，在运输过程中会始终保持搅拌筒低速转动，以保证所装载的混凝土不分层、不凝固。运输完混凝土后，必须要用水冲洗搅拌筒内部，防止有硬化的混凝土。根据搅拌容量，搅拌车分为 8 方车、12 方车、15 方车等。

20. 简述混凝土输送泵的结构及分类

混凝土输送泵（简称混凝土泵），由泵体和输送管组成，是一种利用压力将混凝土拌和物沿管道连续输送的机械。泵送施工工艺可以极大地提高混凝土的浇筑效率，是当前最常见的预拌混凝土浇筑方式。用泵送施工工艺浇筑的混凝土称为泵送混凝土。混凝土泵按结构主要分为拖式混凝土泵（简称拖泵或地泵）、车载泵和泵车。

21. 混凝土浇筑方式有哪些

混凝土浇筑指的是将混凝土拌和物输送入模直至塑化成型的过程。一般根据构件类型、施工条件确定混凝土浇筑方式，可采用混凝土输送泵、吊罐、溜槽、人力手推车、小型机动翻斗车等。为防止浇筑柱、墙时混凝土离析，当超过规范限定倾落高度时，应加设串筒、溜管、滑槽。在建筑物高度和场地允许情况下，汽车泵浇筑比较灵活、布料均匀；高层建筑可使用固定泵加布料机浇筑，混凝土也可使用吊罐浇筑，浇筑地下部位不方便使用汽车泵时也可选择溜槽或振动溜槽入模浇筑。其中，泵送工艺是当前最常用的混凝土浇筑方式。

22. 简要说明预拌混凝土行业发展前景

自《关于限期禁止在城市城区现场搅拌混凝土的通知》发布以来，我国预拌混凝土行业持续稳定较快发展，成效显著。据中国建筑业协会混凝土分会不完全统计，全国预拌混凝土产量由 2006 年的 4.77 亿 m³ 增至 2021 年的 29.57 亿 m³；有预拌混凝土生产资质的企业总数由 2006 年的 2195 家增至 2021 年的 12739 家。规模以上企业数量持续增长，骨干企业规模不断增大，产业集中度逐步提高，行业科技创新能力不断提升，产业绿色环保功能逐步增强，高端智能化制造迈上新台阶。但行业总体产能严重过剩（全国平均产能利用率由 2006 年的 45.31% 下降至 2021 年的 34.84%）、产业结构不合理、企业发展理念相对落后、创新能力较弱、产品同质化竞争、市场无序竞争、绿色化、信息化和智能化制造水平不高等突出问题仍普遍存在，严重制约着行业转型升级和向产业链高端发展。

"十四五"期间，我国实施科技强国战略、制造强国战略，交通强国战略、区域协调发展战略，以"两新一重"为标志的庞大基础设施体系建设，交通体系建设，都市圈、城市群建设等，为预拌混凝土行业带来了新的巨大的市场需求，同时也对混凝土的绿色、低碳、质量、性能、功能、保障能力等提出了更高要求。以 5G、人工智能、云计算、大数据、新能源、数字经济、共享经济等为代表的新一轮科技革命和商业模式创新不断推进，为预拌混凝土行业转型升级、向高端制造发展提供了技术支撑和发展环境，也对预拌混凝土生产人员的职业技能提出了更高要求。预拌混凝土行业站在新起点，面对新目标，抓住机遇乘势而上，采取新行动，阔步前行，未来一定会是一派新气象。

23. 混凝土搅拌工与预拌混凝土操作员的区别是什么

在现行《中华人民共和国职业分类大典（2015 年版）》中只有混凝土工（含搅拌工）这个职业，尚没有预拌混凝土生产工（含操作员）这个职业（该职业技能标准正在制定中）。混凝土工的定义为：操作混凝土搅拌等设备，进行混凝土的配料与搅拌、浇筑、养护和缺陷修补的人员。在现行国家职业技能标准《混凝土工（2019 年版）》（职业编码：6-29-01-03）中，按照混凝土工的职业功能和特点，将混凝土工职业分类和细化为混凝土搅拌工、混凝土泵送工、混凝土模板工和混凝土浇筑工等四个工种，每个工种均分设三个等级，分别为五级/初级工、四级/中级工、三级/高级工。混凝土搅拌工的初级工是施工企业在现场操作混凝土搅拌设备拌和混凝土的工人；中级工和高级工是预拌混凝土企业的操作员，操作员是预拌混凝土企业对混凝土搅拌工的称谓。无论是混凝土搅拌工还是预拌混凝土操作员，其职业技能等级要求大同小异，因此对预拌混凝土操作员的技能要求，基本可以参照国家职业技能标准《混凝土工（2019 年版）》（职业编码：6-29-01-03）的规定。

24. 预拌混凝土操作员职业技能等级要求如何分类

职业技能指在职业活动范围内，从业人员需要掌握的技能，包括理论知识和操作技能两大部分。依据预拌混凝土操作岗位技能复杂程度，将预拌混凝土操作员职业技能水平等级从低到高分为五级/初级工、四级/中级工和三级/高级工。各等级应符合下列要求：

（1）五级/初级工：了解基础知识及基本概念，能运用基本技能独立完成常规工作，会操作常用设备并进行例行保养。

（2）四级/中级工：熟悉相关知识及理论概念，能够熟练运用基本技能独立完成常规工作，能完成技术较为复杂的工作，能独立处理工作中出现的问题以及设备故障。

（3）三级/高级工：掌握相关知识及基本原理，能够熟练运用基本技能和专门技能完成技术较为复杂的工作，包括完成部分非常规性工作（如试验员、质检员和维修员的工作），能够对设备进行一般维修，并能指导和培训本等级以下员工。

相关知识要求和操作技能要求依次递进，高级别涵盖低级别的要求。

2 专业知识与技能

2.1 五级/初级工

2.1.1 原材料知识

25. 通用硅酸盐水泥的品种有哪些

依据《通用硅酸盐水泥》(GB 175—2007)的规定,根据混合材的品种及掺量的不同,通用硅酸盐水泥分为硅酸盐水泥、普通硅酸盐水泥(简称普通或普硅水泥)、矿渣硅酸盐水泥(简称矿渣水泥)、火山灰质硅酸盐水泥(简称火山灰水泥)、粉煤灰硅酸盐水泥(简称粉煤灰水泥)和复合硅酸盐水泥(简称复合水泥)六个品种,其组分及代号见表 2-1。

表 2-1 通用硅酸盐水泥组分及代号

品种	代号	组分(%)				
		熟料+石膏	粒化高炉炉渣	火山灰质混合材料	粉煤灰	石灰石
硅酸盐水泥	P·Ⅰ	100	—	—	—	—
	P·Ⅱ	≥95	≤5	—	—	—
		≥95	—	—	—	≤5
普通硅酸盐水泥	P·O	≥80且<95	>5且≤20			
矿渣硅酸盐水泥	P·S·A	≥50且<80	>20且≤50	—	—	—
	P·S·B	≥30且<50	>50且≤70	—	—	—
火山灰质硅酸盐水泥	P·P	≥60且<80	—	>20且≤40	—	—
粉煤灰硅酸盐水泥	P·F	≥60且<80	—	—	>20且≤40	—
复合硅酸盐水泥	P·C	≥50且<80	>20且≤50			

26. 简述六种通用硅酸盐水泥的性能及其适用范围

六种通用硅酸盐水泥的主要特性各不相同,要根据各自的特性,应用到不同的工程、部位和结构中。

(1)硅酸盐水泥。

① 凝结硬化快,早期强度高,适用于高强混凝土、水下混凝土、预应力混凝土,以及冬期施工。

② 水化热大,不适用于大体积混凝土。

③ 抗冻性好,适用于冬期施工,严寒地区。

④ 耐热性差，不适用于耐热混凝土。

⑤ 耐腐蚀性差，不适用于腐蚀环境。

⑥ 干缩性小，适用于抗渗混凝土。

（2）普通硅酸盐水泥。

① 凝结硬化较快，早期强度较高，适用于水下混凝土，冬期施工。

② 水化热较大，不适用于大体积混凝土。

③ 抗冻性较好，适用于冬期施工。

④ 耐热性较差，不适用于耐热混凝土。

⑤ 耐腐蚀性较差，不适用于腐蚀环境。

⑥ 干缩性较小，适用于抗裂混凝土。

（3）矿渣硅酸盐水泥。

① 凝结硬化慢，早期强度低，后期强度增长较快，适用于大体积混凝土。

② 水化热较小，适用于大体积混凝土。

③ 抗冻性差，不适用于冬期施工。

④ 耐热性好，适用于耐热混凝土。

⑤ 耐腐蚀性较好，适用于腐蚀环境。

⑥ 干缩性较小，适用于抗裂混凝土。

⑦ 泌水性大、抗渗性差，不适用于抗渗混凝土。

（4）火山灰质硅酸盐水泥。

① 凝结硬化慢，早期强度低，后期强度增长较快，适用于大体积混凝土。

② 水化热较小，适用于大体积混凝土。

③ 抗冻性差，不适用于冬期施工。

④ 耐热性较差，不适用于耐热混凝土。

⑤ 耐腐蚀性较好，适用于腐蚀环境。

⑥ 干缩性较大，不适用于抗裂混凝土。

⑦ 抗渗性较好，适用于抗渗混凝土。

（5）粉煤灰硅酸盐水泥。

① 凝结硬化慢，早期强度低，后期强度增长较快，适用于大体积混凝土。

② 水化热较小，适用于大体积混凝土。

③ 抗冻性差，不适用于冬期施工。

④ 耐热性较差，不适用于耐热混凝土。

⑤ 耐腐蚀性较好，适用于腐蚀环境。

⑥ 干缩性较小，适用于抗裂混凝土。

⑦ 抗裂性较高，适用于抗裂混凝土。

（6）复合硅酸盐水泥。

① 凝结硬化慢，早期强度低，后期强度增长较快，适用于大体积混凝土。

② 水化热较小，适用于大体积混凝土。

③ 抗冻性差，不适用于冬期施工。

④ 耐腐蚀性较好，适用于腐蚀环境。
⑤ 其他性能与掺合料品种及掺量有关，性质不够稳定。

在预拌混凝土实际生产中，最常用的是普通水泥和硅酸盐水泥，然后通过掺加矿物掺合料、外加剂以及优化混凝土配合比等技术措施，扩大普通水泥和硅酸盐水泥的适用范围。

27. 水泥强度等级是如何划分的

通用硅酸盐水泥强度等级的划分见表2-2。

表2-2 通用硅酸盐水泥强度等级的划分

品种	硅酸盐水泥		普通硅酸盐水泥	矿渣硅酸盐水泥		火山灰质硅酸盐水泥	粉煤灰硅酸盐水泥	复合硅酸盐水泥
代号	P·Ⅰ	P·Ⅱ	P·O	P·S·A	P·S·B	P·P	P·F	P·C
强度等级	42.5、42.5R、52.5、52.5R、62.5、62.5R		42.5、42.5R、52.5、52.5R	32.5、32.5R、42.5、42.5R、52.5、52.5R				

注：强度等级中的数字代表水泥28d强度标准值，水泥胶砂实际28d强度不应低于该标准值。其中带"R"的为早强型水泥，按水泥3d强度大小划分。另外，2015年12月1日起实施的《通用硅酸盐水泥》（GB 175—2007）国家标准第2号修改单中取消了P·C32.5水泥；2019年10月1日起实施的《通用硅酸盐水泥》（GB 175—2007）国家标准第3号修改单中取消了P·C32.5R水泥。

预拌混凝土常用的水泥品种规格主要为P·O42.5、P·O52.5、P·Ⅱ52.5等，冬季生产混凝土时可以选择早强型水泥。

28. 粉煤灰的品种、规格、等级是如何划分的

依据《用于水泥和混凝土中的粉煤灰》（GB/T 1596—2017）的规定，粉煤灰根据燃煤品种不同可分为F类和C类。F类粉煤灰是无烟煤或烟煤煅烧后收集的粉煤灰，游离氧化钙含量不大于1%；C类粉煤灰是褐煤或次烟煤煅烧收集的粉煤灰，氧化钙含量一般大于或等于10%（俗称高钙灰）。比较常用的为F类粉煤灰。

根据细度、需水量比和烧失量三项理化性能要求的不同，粉煤灰性能由高到低分为三个等级：Ⅰ级、Ⅱ级和Ⅲ级。配制预拌混凝土通常要求至少为Ⅱ级粉煤灰。

29. 粉煤灰理化性能对混凝土性能的影响有哪些

细度是指粉体材料颗粒的粗细程度。粉煤灰等级越高则越细，填充效应越好，可以提高混凝土强度。

需水量比是反映粉煤灰需水性大小的指标。粉煤灰需水量比越小，减水效果越好，能够降低混凝土的用水量，或提高混凝土的流动性，所以优质粉煤灰相当于矿物减水剂。

烧失量是表征粉煤灰中未燃烧完全的有机物主要是炭粉数量的指标。粉煤灰烧失量越大，表明未燃尽炭粉越多，主要影响混凝土的流动性。

30. 矿渣粉的规格及代号如何确定

依据《用于水泥、砂浆和混凝土中的粒化高炉矿渣粉》（GB/T 18046—2017）的规定，矿渣粉按其比表面积和活性指数的技术指标值要求的不同，矿渣粉性能由高到低分

为三个级别，其代号分别为 S105、S95 和 S75，S 后面的数字表示矿渣粉的活性指数（也称抗压强度比或强度影响系数）。预拌混凝土通常要求矿渣粉至少为 S95 级。

31. 矿渣粉技术指标对混凝土性能的影响有哪些

比表面积是表征矿渣粉细度大小的指标，指单位质量粉体材料颗粒的表面积大小。比表面积越大，则矿渣粉越细，填充效应越好，可以提高混凝土强度。

活性指数是表征矿渣粉强度贡献大小的指标，S95 表示掺加 50% 矿渣粉胶凝材料 28d 强度不低于纯水泥 28d 强度的 95%。活性指数越高，对混凝土强度贡献越大。

32. 砂品种是如何分类的

砂按产源分为天然砂、机制砂和混合砂三个品种。砂资源是一种地方性资源，混凝土以使用天然砂为主。近年来随着基本建设规模的扩大和保护生态环境以及江河湖泊禁止采砂政策的执行，在我国很多地方出现优质天然砂资源逐步减少，甚至无天然砂的情况，机制砂的广泛应用已成为趋势。当机制砂的质量不能完全满足要求时，也可以采用混合砂。

砂按颗粒大小一般分为粗砂、中砂、细砂。准确地说，依据《建设用砂》（GB/T 14684—2022）的规定，砂按细度模数 M_x 大小划分为粗砂（3.7~3.1）、中砂（3.0~2.3）、细砂（2.2~1.6）和特细砂（1.5~0.7）四种规格。其中，细度模数是衡量砂粗细程度的指标。

细砂拌制混凝土，拌和物比较黏稠，施工中难以振捣密实。在满足和易性要求时，需要增大水泥用量，这样不仅增加了成本，还加大了混凝土的收缩，降低了混凝土的抗裂性和耐久性。

粗砂拌制混凝土，拌和物保水性差，容易引起混凝土在运输浇筑过程中离析，从而影响混凝土的内在质量与外观质量。

因此，配制混凝土优先选用级配良好的中砂。当单一品种的砂细度模数、颗粒级配不符合要求时，可以将粗砂和细砂混合成中砂使用。

33. 《建设用砂》（GB/T 14684—2022）中砂质量等级是如何分类的，与《普通混凝土用砂、石质量及检验方法标准》（JGJ 52—2006）有何差异

在《建设用砂》（GB/T 14684—2022）中，按颗粒级配、含泥量（石粉含量）、亚甲蓝（MB）值、泥块含量、有害物质、坚固性、压碎指标、片状颗粒含量等技术指标值要求的不同，砂质量由高到低分为三个等级：Ⅰ类、Ⅱ类和Ⅲ类。混凝土的质量性能要求越高，对砂的等级要求越高。

在预拌混凝土企业常用的《普通混凝土用砂、石质量及检验方法标准》（JGJ 52—2006）中，并没有直接将砂分类，而是将砂不同的技术指标值要求直接对应了三个不同的混凝土强度等级区间："≥C60""C55~C30""≤C25"，大致对应《建设用砂》（GB/T 14684—2022）中的Ⅰ类、Ⅱ类和Ⅲ类。

34. 砂、石的国家标准和行业标准的区别是什么

砂、石常用标准有两种：一种是国家标准，如《建设用砂》（GB/T 14684—2022）和《建设用卵石、碎石》（GB/T 14685—2022）；另一种是行业标准，如《普通混凝土

用砂、石质量及检验方法标准》(JGJ 52—2006)。国家标准已更新为最新版本，行业标准最新版本尚未发布、实施，由于现行两个标准修订、实施时间相差较大，在个别技术指标要求方面尚存在不一致的地方。

另外，一般来说国家标准是面向所有的建设工程混凝土用砂、石，强调的是砂、石产品本身质量，具有指导性和普遍性。而行业标准是指导砂、石在普通混凝土中应用的技术规范，更具有针对性。通常情况下，砂、石产品的生产质量检验，如砂、石生产厂家的出厂检验应执行国家标准，而砂、石交付使用时，使用单位（如预拌混凝土企业）的进场检验应执行行业标准。

35. 砂技术指标的术语定义有哪些

（1）颗粒级配。

颗粒级配是不同大小粒径砂粒的分布情况。级配良好，可获得较小的空隙率，不仅可以节约水泥，而且可以改善混凝土的和易性，提高混凝土的强度和耐久性。

（2）含泥量（石粉含量）。

含泥量是天然砂（机制砂）中粒径小于 $75\mu m$ 颗粒的含量。砂中所含的泥附着在砂粒表面上，妨碍水泥与砂的黏结，增大混凝土的用水量，降低混凝土的强度和耐久性，增加混凝土的干缩，对混凝土具有危害性，必须严格控制。而机制砂中石粉的成分与母岩相同，并非完全有害。

（3）亚甲蓝值。

亚甲蓝值是用于判定机制砂吸附性能的指标。机制砂的石粉中含有泥，对水和减水剂有吸附作用。当亚甲蓝值合格时，说明石粉中含泥量较低，泥粉以石粉为主，危害较小；当亚甲蓝值不合格时，说明石粉中含泥量较高，泥粉以泥为主，危害较大，此时石粉含量按含泥量控制。

（4）泥块含量。

泥块含量是砂中原粒径大于 1.18mm，经水浸泡、淘洗等处理后小于 0.60mm 的颗粒含量。

（5）有害物质。

有害物质包括云母、轻物质（砂中表观密度小于 $2000kg/m^3$ 的物质）、有机物、硫化物及硫酸盐、氯化物、贝壳等。其中，要严格控制海砂中的氯化物和贝壳。

（6）坚固性。

坚固性是砂在外界物理化学因素作用下抵抗破裂的能力。

（7）压碎指标。

压碎指标是机制砂在外界压力作用下抵抗破碎的能力。

（8）片状颗粒含量。

片状颗粒含量是机制砂中粒径 1.18mm 以上的机制砂颗粒中最小一维尺寸小于该颗粒所属粒级的平均粒径 0.45 倍的颗粒。

36. 机制砂和天然砂的性能区别有哪些

机制砂质量取决于母岩质量以及生产质量，石粉含量及亚甲蓝值、压碎指标和片状颗粒含量是机制砂不同于天然砂的特有指标。与天然砂相比,机制砂通常颗粒表面粗糙、棱角较多、粒形较差、级配不良、细度模数偏大、石粉含量及亚甲蓝值波动较大,直接影响混凝土的工作性能。当母岩强度较低(如风化石)时,机制砂的压碎指标值较高、坚固性较差,还影响混凝土的力学性能和耐久性能。当然,机制砂作为工业化产品,其质量可调、可控,高品质机制砂完全可以代替优质天然砂。

37. 碎石品种是如何分类的

石按产源分为卵石和碎石两个品种,在我国绝大多数地方都采用碎石。

碎石按颗粒大小一般分为大石、小石、细石等。依据《建设用卵石、碎石》(GB/T 14685—2022)的规定,碎石按颗粒级配情况不同分为连续粒级和单粒粒级。按最大颗粒粒径大小的不同,连续粒级进一步细分为 5~16mm、5~20mm、5~25mm、5~31.5mm、5~40mm 等不同规格,单粒粒级进一步细分为 5~10mm、10~16mm、10~20mm、16~25mm、16~31.5mm、20~40mm、25~31.5mm、40~80mm 等不同规格。在《普通混凝土用砂、石质量及检验方法标准》(JGJ 52—2006)中,将 5~10mm 称为连续粒级,单粒粒级称为单粒级,并且其中没有 10~16mm、16~25mm,增加了 31.5~63mm。

颗粒级配是表征不同大小颗粒的骨料搭配情况的指标(图 2-1)。单粒粒级碎石的空隙率较大,配制混凝土时需要更多的砂浆和胶凝材料填充其空隙,显然增加了成本。而连续粒级空隙率低,不仅能降低成本,还能提高混凝土的密实度、强度和流动性。因此预拌混凝土优先选择连续粒级,单粒粒级应组合成连续粒径后使用。

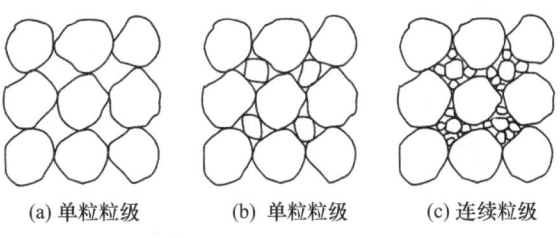

图 2-1 碎石颗粒级配示意图

碎石最大粒径增大将使碎石的总表面积减少,因而配制混凝土时用以包裹碎石的砂浆、胶凝材料以及用水量都将有所减少,拌制的混凝土比较经济。但最大粒径的选用要受到诸如结构物断面尺寸、钢筋间距、泵送管径尺寸及泵送高度,以及搅拌机容量、叶片强度等因素的制约,预拌混凝土企业所用碎石最大粒径为 40mm。

在碎石生产过程中,20mm 粒级以上往往都是单粒粒级,生产销售的常见颗粒粒级有:

连续粒级:5~10mm、5~16mm、5~20mm。

单粒粒级:10~20mm、16~25mm、16~31.5mm、20~40mm。

预拌混凝土企业往往采购其中的两到三种粒级,然后组合成不同规格连续粒级使用。例如,工程中常用的 5~31.5mm 粒级,都是由两种(如 60% 的 5~16mm 和 40% 的 16~31.5mm)或三种(如 20% 的 5~10mm、60% 的 10~20mm 和 20% 的 16~

31.5mm）不同级配碎石组合而成，具体搭配比例需要根据各粒级碎石实际的颗粒级配通过计算或试验确定。碎石最大粒径不大于16mm或20mm的混凝土在很多地方俗称细石混凝土（现行标准规范中并没有细石混凝土的术语及定义）。

38. 《建设用卵石、碎石》（GB/T 14685—2022）中碎石质量等级是如何分类的，与《普通混凝土用砂、石质量及检验方法标准》（JGJ 52—2006）有何差异

在《建设用卵石、碎石》（GB/T 14685—2022）中，按卵石含泥量（碎石泥粉含量）、泥块含量、针片状颗粒含量、不规则颗粒含量、硫化物及硫酸盐含量、坚固性、压碎指标、连续级配松散堆积空隙率、吸水率等技术指标值要求的不同，碎石质量由高到低分为三个等级：Ⅰ类、Ⅱ类和Ⅲ类。混凝土的质量性能要求越高，对碎石的等级要求越高。

同样，在《普通混凝土用砂、石质量及检验方法标准》（JGJ 52—2006）中，并没有直接将碎石分类，而是将碎石不同的技术指标值要求直接对应了三个不同的混凝土强度等级区间："≥C60""C55～C30""≤C25"，大致对应《建设用卵石、碎石》（GB/T 14685—2022）中的Ⅰ类、Ⅱ类和Ⅲ类。

39. 碎石主要技术指标的术语定义有哪些

（1）碎石泥粉含量。

碎石泥粉含量是碎石中粒径小于 $75\mu m$ 的黏土和石粉颗粒含量。

（2）泥块含量。

泥块含量是碎石中原粒径大于 4.75mm，经水浸泡、淘洗等处理后小于 2.36mm 的颗粒含量。

（3）针片状颗粒。

碎石颗粒的最大一维尺寸大于该颗粒所属粒级的平均粒径 2.4 倍的为针状颗粒；最小一维尺寸小于该颗粒所属粒级的平均粒径 0.4 倍的为片状颗粒。

（4）不规则颗粒。

不规则颗粒是碎石颗粒最小一维尺寸小于该颗粒所属粒级的平均粒径 0.5 倍的颗粒。

（5）松散堆积空隙率。

松散堆积空隙率是碎石在自然堆积状态下颗粒之间空隙体积与总体积的比值。

（6）吸水率

吸水率是碎石饱和面干状态下颗粒内部孔隙中含水量（也称吸水量）与其全干质量的比值。

40. 砂、石含水率的定义是什么

砂、石的含水率一般指砂、石孔隙及表面的水与砂、石全干质量的比值，计算方法如下式：

$$含水率=（湿质量-干质量）/干质量\times100\%$$

一般碎石在生产过程中引入的水分含量较少，抑尘加湿处理后，含水率一般在 1.5%以下；干法生产的机制砂在出厂环节采取抑尘加湿处理的，含水率一般在 3%以下；而天然砂和湿法生产的机制砂的含水率较高，可在5%和12%之间波动。

砂、石含水率是混凝土生产时调整砂、石用量和用水量的重要参数，需要定期检测。

41. 砂、石的四种含水状态如何表征

砂、石的含水状态可分为全干状态、气干状态、饱和面干状态和湿润状态四种（图2-2）。

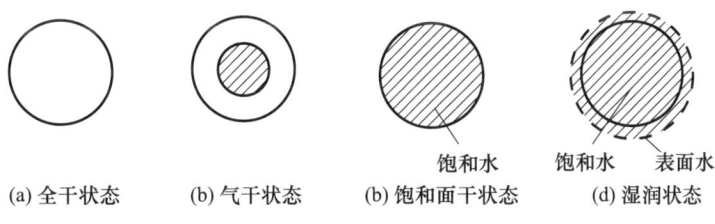

图2-2 砂、石的四种含水状态示意图

(1) 全干状态：砂、石内外不含任何水，通常在(105±5)℃条件下烘干而得。

(2) 气干状态：砂、石表面干燥，内部孔隙中部分含水，其含水量的高低与空气相对湿度和温度密切相关。碎石通常处于气干状态。

(3) 饱和面干状态：砂、石表面干燥，内部孔隙全部吸水饱和，通常在试验条件下才能获得。水利工程在设计混凝土配合比时，常采用饱和面干状态计算调整用水量和砂、石用量。

(4) 湿润状态：骨料内部吸水饱和，表面还含有部分表面水。天然砂和湿法生产的机制砂通常处于湿润状态。

42. 砂、石吸水率与含水率的区别是什么

吸水率是砂、石材料的固有特性，通常随着材质的变化而变化，但不随环境的变化而变化。吸水率主要取决于砂、石材质的孔隙结构、大小和数量。

含水率不是砂、石的固有特性，随环境的变化而变化，因此在实际应用时需要经常测定，以便及时调整混凝土中的水和砂、石用量，否则主要影响混凝土的工作性能和力学性能。

43. 常用外加剂品种有哪些

在《混凝土外加剂》（GB 8076—2008）中共包含高性能减水剂（早强型、标准型和缓凝型）、高效减水剂（标准型、缓凝型）、普通减水剂（早强型、标准型和缓凝型）、引气减水剂、泵送剂、早强剂、缓凝剂及引气剂等八类混凝土外加剂。另外，还有一种特殊的外加剂——混凝土膨胀剂［国家标准为《混凝土膨胀剂》（GB/T 23439—2017）］。

(1) 减水剂。

预拌混凝土最常用的外加剂是各种复合减水剂，不同生产厂家的减水剂代号不同，但性能大同小异。拌和混凝土时加入适量的减水剂，在保持混凝土流动性不变的前提下，能明显减少混凝土用水量，减水剂因此得名。在保持用水量不变的前提下，减水剂

能明显提高混凝土的流动性以及可泵性,因此也称塑化剂或泵送剂。

① 按减水率的大小,减水剂分为普通减水剂(减水率不小于8%)、高效减水剂(减水率不小于14%)和高性能减水剂(减水率不小于25%)。

② 按对凝结时间的影响,减水剂分为早强型、标准型和缓凝型。

③ 按对含气量的影响,减水剂分为引气型和非引气型。

(2) 引气剂。

引气剂是一种能使混凝土在搅拌过程中产生大量分布均匀、稳定而封闭的微小气泡,从而改善混凝土和易性,提高混凝土抗冻性和耐久性的外加剂。通常用于拌制有较高抗冻性能要求的混凝土。

(3) 防冻剂。

防冻剂是指在规定负温下,能显著降低混凝土的液相冰点,使混凝土液相不结冰或部分冻结,保证水泥的水化作用,并在一定的时间内获得预期强度的外加剂。通常用于冬季拌制混凝土,避免混凝土早期冻害。

(4) 膨胀剂。

膨胀剂是指掺入混凝土后,能使混凝土在硬化过程中因化学作用产生一定体积膨胀的外加剂。膨胀剂的主要功能是补偿混凝土硬化过程中的水化收缩以及温度收缩,控制混凝土收缩裂缝的产生,用于拌制补偿收缩混凝土或微膨胀混凝土。在混凝土常用外加剂中,膨胀剂是唯一的粉剂,并且掺量较高,实质上属于特殊的胶凝材料或矿物掺合料。

减水剂、引气剂和防冻剂一般都不单独使用,而是以各种减水剂为母液,复配一定量的引气剂、缓凝剂、早强剂或防冻剂等组分,制成复合减水剂使用,如引气型减水剂、早强型减水剂、防冻型减水剂、缓凝型减水剂等。

2.1.2 混凝土知识

44. 混凝土配合比的定义是什么,如何表征混凝土配合比

混凝土配合比是指混凝土各种组成材料用量之间的比例关系。混凝土配合比有两种表示方法:一种用 $1m^3$ 混凝土中各种材料的用量表示;另一种用各种材料的用量比例表示(其中水泥用量为1)。预拌混凝土生产通常以用量法表示,即 $1m^3$ 混凝土中各种材料的质量。混凝土配合比的表示方法见表2-3。

表2-3 混凝土配合比的表示方法　　　　单位:kg/m^3

材料	42.5水泥	Ⅰ级粉煤灰	S95矿渣粉	中砂	5~25mm碎石	水	减水剂
用量	255	35	70	770	1065	185	7.2
比例	1	0.137	0.275	3.020	4.176	0.725	0.028

其中有几个常见的材料用量比例参数:

(1) 水胶比(水灰比):水与胶凝材料的用量比值,当胶凝材料仅为水泥时,称为水灰比。在表2-3中水胶比=185/(255+35+70)=0.51。

(2) 砂率:砂与砂、石的用量比值。在表2-3中砂率=770/(770+1065)×100%=42%。

(3) 减水剂掺量：减水剂与胶凝材料的用量比值。在表 2-3 中减水剂掺量＝7.2/（255＋35＋70）×100％＝2.0％。

(4) 矿物掺合料掺量：粉煤灰或矿渣粉与胶凝材料的用量比值。在表 2-3 中粉煤灰掺量＝35/（255＋35＋70）×100％＝9.7％；同理，矿渣粉掺量为 19.4％。

(5) 表观密度计算值：1m³ 混凝土中各种材料的用量之和，表 2-3 中表观密度计算值为 2387.2kg/m³。

混凝土配合比通常按《普通混凝土配合比设计规程》(JGJ 55—2011)，根据工程设计要求的混凝土强度等级、工作性和耐久性等要求进行设计。配合比依据不同阶段分为以下几种：

(1) 理论配合比：按设计规程直接计算出来的配合比。

(2) 实验室配合比：理论配合比通过多次试配、调整后，最终确定混凝土各项性能（工作性能、力学性能、耐久性能以及经济性）符合设计要求的配合比。

(3) 生产配合比：生产时根据现场砂、石的实际含水率进行换算，调整砂、石和生产用水量，用于实际生产的配合比（一般在工地现场习惯叫施工配合比）。

在生产时，操作员可以从生产系统配合比库中直接调取实验室配合比，然后输入砂、石含水率，由系统直接生成生产配合比后进行生产；也可以直接输入已调整好的生产配合比进行生产。

45. 混凝土的和易性能有哪些

混凝土拌和物的和易性，又称工作性，是指混凝土拌和物在一定施工条件下，便于施工操作（拌和、运输、浇筑、振捣及抹面）并能达到质量均匀、成型密实的性能，反映的是混凝土拌和物是否有利于施工的性能。和易性是一项综合技术指标，包括流动性、黏聚性、可塑性、易密性和保水性等 5 个方面的综合性能。

流动性是指混凝土拌和物在自重或机械振捣下能产生流动，并均匀、密实地填满模板的性能，主要反映混凝土拌和物的稠度。

黏聚性是指混凝土拌和物在施工过程中各组成材料之间具有一定的黏聚力，在运输和浇筑过程中不会产生分层和离析现象（净浆与粗细骨料分离），使混凝土保持整体均匀的性能，反映混凝土拌和物体积稳定性能。

可塑性主要针对干硬性混凝土和塑性混凝土而言，是指在一定外力作用下混凝土拌和物不产生"崩裂、脆断"等塑性变形，相当于干硬性混凝土和塑性混凝土的黏聚性。

易密性是指混凝土拌和物在进行捣实或振动时，克服内部和表面（和模板之间）的阻力，以达到完全密实的能力。易密性既与混凝土本身性能有关，又与施工振捣工艺有关。

保水性是指混凝土拌和物在施工过程中，具有一定的保持内部水分不流失，不产生严重泌水现象（水从混凝土中流出）的能力。

上述这些性能并不是在所有情况下相互一致，有时相互之间存在一定矛盾。例如，通常情况下，混凝土拌和物的流动性越大，保水性和黏聚性越难以控制。因此，不能简单地认为流动性大的混凝土和易性好，流动性减小的混凝土和易性变差。和易性良好是指既具有满足施工要求的流动性,又具有良好的黏聚性和保水性,是获得质量均匀密实混凝土的基本保证。

衡量混凝土的工作性能,特别是流动性能最常用的指标就是坍落度及扩展度。将混凝土拌和物分层装入坍落度筒中,垂直提起坍落度筒后,混凝土拌和物在自重作用下发生坍塌及流淌,可分别检测其坍落度及扩展度,如图 2-3 所示。

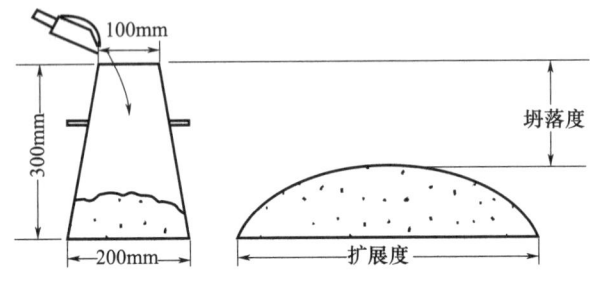

图 2-3 混凝土拌和物的坍落度和扩展度

根据坍落度的大小,混凝土通常分为:
(1) 干硬性混凝土,坍落度为 10~40mm。
(2) 塑性混凝土,坍落度为 50~90mm。
(3) 流动性混凝土,坍落度为 100~150mm。
(4) 大流动性混凝土,坍落度为 160~210mm。
(5) 流态混凝土,坍落度不低于 220mm。

干硬性混凝土和塑性混凝土由于坍落度较小,易密性较差,施工振捣劳动强度较大,施工效率较低,因此现在主要用于混凝土预制构件的生产。对于泵送工艺而言,至少要求是流动性混凝土。对于大流动性混凝土和流态混凝土,除了检测坍落度外,还应检测其扩展度。

提高混凝土坍落度的措施通常有两种:一是加水,二是加减水剂。但任意用水去调节混凝土坍落度,极易造成混凝土离析、堵泵,并降低混凝土强度,因此正确的方式是用减水剂提高混凝土坍落度。

46. 坍落度及扩展度的等级如何划分

(1) 混凝土拌和物坍落度的等级划分见表 2-4。

表 2-4 混凝土拌和物坍落度的等级划分

等级	坍落度(mm)
S1	10~40
S2	50~90
S3	100~150
S4	160~210
S5	≥220

（2）混凝土拌和物的扩展度等级划分见表 2-5。

表 2-5 混凝土拌和物的扩展度等级划分

等级	扩展直径（mm）
F1	≤340
F2	350～410
F3	420～480
F4	490～550
F5	560～620
F6	≥630

47. 混凝土的力学性能如何表述

混凝土结构物主要用以承受荷载或抵抗其他各种作用力，因此混凝土力学性能是极为重要的性能，其中一个最重要的指标就是强度。混凝土的强度主要有抗压强度、抗折强度（也称抗弯强度）、抗拉强度和抗剪强度等，其中抗压强度最大，抗拉强度最小，所以混凝土结构须配钢筋，组合成钢筋混凝土，主要由混凝土承受压力，由钢筋承受拉力。混凝土与钢筋取长补短，使得混凝土的应用范围扩大，是混凝土技术的第一次飞跃。

抗压强度是混凝土最重要的质量指标，并且与其他几种强度及混凝土变形性能等均具有良好的相关性，只要获得抗压强度值，就可以推算该混凝土的其他强度、耐久性和变形性能等。因此，无特指时混凝土强度就是指抗压强度，更确切地说是指立方体抗压强度。

48. 如何根据混凝土立方体抗压强度确定混凝土强度等级

混凝土抗压强度通常通过立方体试块所能承受的最大压力来确定。试块标准尺寸为150mm×150mm×150mm 立方体，所以称为立方体抗压强度，简称强度。另外，还经常用到 100mm×100mm×100mm 立方体试块，其属于非标准尺寸试块。

按照《预拌混凝土》（GB/T 14902—2012）规定，混凝土强度从低到高划分为十九个强度等级，即 C10、C15、C20、C25、C30、C35、C40、C45、C50、C55、C60、C65、C70、C75、C80、C85、C90、C95、C100。符号"C"为混凝土的英文名称的第一个字母，符号后的数字是立方体抗压强度标准值（以 N/mm^2 或 MPa 计），强度实测值低于标准值的概率不超过 5%。其中：

（1）强度等级为 C25 及以下的为低强混凝土。
（2）强度等级为 C30～C55 的为中强混凝土。
（3）强度等级为 C60～C80 的为高强混凝土。
（4）强度等级为 C85 及以上的为超高强混凝土。

混凝土强度除了与原材料质量以及配合比有关外，还与龄期、环境温湿度等因素有关。通常情况下，龄期越长、温度越高、湿度越大，混凝土的强度越高。《混凝土物理力学性能试验方法标准》（GB/T 50081—2019）规定，按标准方法制作的混凝土试块要在温度（20±2）℃，相对湿度 95% 以上环境下养护 28d（从试块制作到检测的天数，特殊情况也可以采取 56d 或 60d、90d），此条件下测得的混凝土试块强度为标准养护强度，是判定预拌混凝土强度合格与否的重要依据。

49. 如何正确理解水泥和混凝土的强度检验龄期

无论是水泥，还是混凝土的强度检验，通常都采用标准养护 28d 为检验龄期，这是因为混凝土是靠水泥的胶结作用逐渐硬化而提高强度的，水泥的强度随着时间的增加而逐渐增加。大量试验表明，在标准养护条件下，水泥强度前 7d 增长较快，7~14d 增长稍慢，而 28d 以后增长更加缓慢，因此标准通常规定以 28d 作为标准检验龄期；以 28d 强度作为设计和质量验收的标准强度。

显然，如果以小于 28d 的强度作为标准强度，将使混凝土的性能不能充分发挥。如果以大于 28d 的强度作为标准强度，虽然混凝土的性能可以充分发挥，但由于达到标准强度的时间过长，影响了施工进度。但对加入矿物掺合料的混凝土进行强度评定时，可根据设计规定，采取 56d 或 60d、90d 的龄期检验强度。

50. 混凝土的表观密度的定义是什么

由于混凝土中有大量大小不一的气孔，绝对密实的混凝土是不存在的，其绝对体积密度也难以测定。所以，混凝土密度通常是指表观密度，是指混凝土拌和物捣实后的单位体积质量，也称容重。硬化后的混凝土单位体积的烘干质量称为混凝土干表观密度。

影响表观密度的因素笼统地说，就是各组成材料的密度及其含量。由于骨料体积约占混凝土总体积的 70%，对混凝土密度影响最大的是骨料的密度及含量。混凝土按骨料密度及干表观密度分类，可分为轻骨料混凝土（干表观密度不大于 1950kg/m³）、普通混凝土（干表观密度为 2000~2800kg/m³）、重混凝土（干表观密度大于 2800kg/m³）。

普通混凝土拌和物的表观密度一般为 2350~2450kg/m³，通常普通混凝土强度等级越高，表观密度越大；用水量越小，表观密度越大；含气量越小，表观密度越大。

混凝土表观密度是计算预拌混凝土供货量的重要参数。根据《预拌混凝土》（GB/T 14902—2012）规定，预拌混凝土供货量用体积表示，应由运输车实际装载的混凝土拌和物质量除以混凝土拌和物的表观密度求得。因此，计算及检测混凝土表观密度的意义在于标定混凝土的实际体积，准确控制混凝土生产方量及供货量，避免混凝土企业亏方或盈方。

51. 表观密度的计算值与实测值有何差别

按混凝土配合比中各原材料用量之和求得的是混凝土表观密度计算值，按《普通混凝土拌合物性能试验方法标准》（GB/T 50080—2016）中规定的表观密度试验方法检测得到是表观密度实测值。而根据《普通混凝土配合比设计规程》（JGJ 55—2011）规定，当表观密度实测值与计算值之差的绝对值不超过计算值的 2% 时，可以不对混凝土配合比中各原材料用量进行调整，再加上生产计量偏差和配合比调整偏差等因素，表观密度的计算值与实测值并不一致。

52. 混凝土的搅拌生产量、实际供货量与结算供货量有何差别

混凝土体积无论是搅拌生产量，还是实际供货量，都由混凝土拌和物质量除以混凝土拌和物的表观密度求得。区别在于，搅拌生产量是除以表观密度计算值求得的，实际

供货量是除以表观密度实测值求得的。混凝土拌和物质量可由用于该车混凝土中全部原材料的质量之和求得，或可由运输车卸料前后的质量差求得。在忽略生产设备计量误差、地磅计量误差和卸料误差的前提下，该车混凝土中全部原材料的质量之和就是该车混凝土的表观密度计算值之和，也基本等于运输车卸料前后的质量差。混凝土按照配合比设定的原材料用量计量生产，即按照表观密度计算值生产，因此：

搅拌生产量＝（表观密度计算值×搅拌方量）/表观密度计算值

实际供货量＝（表观密度计算值×搅拌方量）/表观密度实测值

标准规定的预拌混凝土供货量结算方式很少被采用，常见的混凝土供货量结算方式有三种：一是按搅拌站生产小票结算，即以混凝土搅拌生产量作为结算供货量；二是按合同约定容重过磅结算；三是按施工图结算。

当按搅拌站生产小票结算时，如果表观密度计算值大于实测值，那么搅拌生产量小于实际供货量，会导致混凝土企业亏方。

当按合同约定容重过磅结算时，如果约定表观密度计算值大于实测值，那么结算供货量小于实际供货量，会导致混凝土企业亏方。

当按施工图结算时，由于存在施工损耗和浇筑尺寸偏差，混凝土企业往往亏方。

53. 建设工程对混凝土的凝结时间有何要求

混凝土的凝结时间主要受水泥凝结时间、外加剂性能，以及环境温湿度等因素影响。混凝土从加水拌和开始到失去塑性（振动不能使其流动）的时间为初凝时间；至凝固硬化开始具有强度的时间为终凝时间。

混凝土凝结时间主要制约建筑工程的质量以及施工进度。特别是对于预拌混凝土而言，混凝土在初凝之前必须要完成运输、浇筑、振捣、抹面等工序，因此初凝时间不能太短；浇筑抹面后，必须在终凝时间内结束并具有一定强度后才能拆模，或开始下一道工序，因此终凝时间不能太长。

混凝土凝结时间没有统一标准限值，通常情况下预拌混凝土的初凝时间一般控制在 5~10h；终凝时间一般控制在 12h 左右，并根据具体工程的特殊要求而调整。

54. 混凝土的主要耐久性能有哪些

混凝土的耐久性指混凝土能抵抗环境介质的长期作用，并保持其良好的使用性能和外观完整性，从而具有维持混凝土结构安全、正常使用的能力。混凝土的耐久性主要包括抗渗性、抗冻性、抗硫酸盐侵蚀性、抗碳化性、抗裂性、抗氯离子渗透性等，是评定混凝土结构经久耐用的重要指标。其中最常见的耐久性指标为：

（1）抗渗性。

抗渗性是指抵抗压力液体（水、油、溶液等）渗透作用的能力。抗渗性是决定混凝土耐久性最主要的技术指标。因为混凝土抗渗性好，即混凝土密实性高，外界腐蚀介质不易侵入混凝土内部，从而抗腐蚀性能就好。同样，因为水不易进入混凝土内部，所以冰冻破坏作用和风化作用就小。因此，混凝土的抗渗性可以被认为是混凝土耐久性指标的综合体现。

混凝土的抗渗性能大小通过逐级施加水压力来测定，用抗水渗透能等级表示（简称抗渗等级），分为 P4、P6、P8、P10、P12 和＞P12 等六个等级，分别表示混凝土抗渗试件能抵抗 0.4MPa、0.6MPa、0.8MPa、1.0MPa、1.2MPa 以及 1.2MPa 以上的水压力而不渗漏。影响混凝土抗渗性的最主要因素就是水胶比，水胶比越小，抗渗性能越高。

（2）抗冻性。

混凝土的抗冻性能大小用抗冻标号或抗冻等级表示。抗冻标号指用慢冻法测得的最大冻融循环次数来划分的抗冻性能等级，分为 D50、D100、D150、D200、和＞D200 等五个等级。抗冻等级指用快冻法测得的最大冻融循环次数来划分的抗冻性能等级，分为 F50、F100、F150、F200、F250、F300、F350、F400 和＞F400 等九个等级。其中的数字表示混凝土抗冻试件能经受的最大冻融循环次数。如 F200，即表示该混凝土抗冻试件能承受 200 次冻融循环，且抗压强度损失率小于 25％，或质量损失率小于 5％。影响混凝土抗冻性的最主要因素就是水胶比和含气量，水胶比越小、含气量越大则抗冻性能越高。对于抗冻等级在 F150 及以上的混凝土，需要添加引气剂提高抗冻性。

（3）防冻性。

准确地说，混凝土防冻性不等同于抗冻性，并不属于混凝土耐久性指标。防冻性是指混凝土在冬期施工时，能够抵抗早期冻害的能力。根据《建筑工程冬期施工规程》（JGJ/T 104—2011）的规定，当室外日平均气温连续 5d 稳定低于 5℃即进入冬期施工。混凝土冬期施工有其特殊性及复杂性，由于自然最低气温已降低到 0℃以下，水泥水化基本停止，混凝土凝结时间延长，强度增长缓慢，极易遭受冻害。因此，从混凝土生产、施工到养护的整个过程中的各个环节，都要采取相应的保温防冻、防风、防失水等措施，尽量给混凝土创造正温养护环境，使混凝土能不断凝结、硬化、增大强度。防冻混凝土的配制与生产主要通过降低水胶比、提高水泥用量、掺加防冻剂、必要时加热水等措施，尽快提高混凝土的早期强度，从而防止混凝土的早期冻害。

（4）抗裂性。

受到水化反应、水分蒸发和热胀冷缩等因素的影响，混凝土拌和物在凝结、硬化过程中往往伴随着体积收缩，从而容易产生收缩裂缝。提高混凝土自身抗裂性除了优选原材料以及配合比外，添加一些纤维材料（如合成纤维或钢纤维）也可以有效降低混凝土的表面收缩裂缝，这种混凝土被称为纤维混凝土。如果添加膨胀剂，则可以有效降低混凝土的水化收缩以及温度收缩，这种混凝土被称为补偿收缩混凝土或微膨胀混凝土。

55.《预拌混凝土》（GB/T 14902—2012）对预拌混凝土如何分类

按照《预拌混凝土》（GB/T 14902—2012）的规定，预拌混凝土分为常规品和特制品。

常规品应为除特制品以外的普通混凝土，代号为 A，混凝土强度等级代号为 C。

特制品代号为 B，包括的混凝土种类及其代号应符合表 2-6 的规定。

表 2-6　特制品的混凝土种类及其代号

混凝土种类	高强混凝土	自密实混凝土	纤维混凝土	轻骨料混凝土	重混凝土
混凝土种类代号	H	S	F	L	W
强度等级代号	C	C	C（合成纤维混凝土） CF（钢纤维混凝土）	LC	C

实际上，除了上述五种特制品外，有其他特殊性能要求的混凝土也属于特制品。

56. 预拌混凝土是如何标记的

预拌混凝土应按下列顺序标记：

（1）常规品或特制品的代号，常规品可不标记。

（2）特制品混凝土种类的代号，兼有多种类情况可同时标出。

（3）强度等级。

（4）坍落度控制目标值，后附坍落度等级代号在括号中；自密实混凝土应采用扩展度控制目标值，后附扩展度等级代号在括号中。

（5）耐久性能等级代号，对于抗氯离子渗透性能和抗碳化性能，后附设计值在括号中。

（6）标准号。

示例1：常规品强度等级为C50，坍落度为180mm，抗冻等级为F250，混凝土如何标记？

混凝土标记为 A-C50-180（S4）-F250-GB/T 14902。

示例2：特制品纤维混凝土强度等级为LC40，坍落度为210mm，抗渗等级为P8，抗冻等级为F150，混凝土如何标记？

混凝土标记为 B-LF-LC40-210（S4）-P8F150-GB/T 14902。

57. 特制品的混凝土种类及其定义是什么

（1）高强混凝土。

高强混凝土是指强度等级不低于C60的混凝土。

（2）自密实混凝土。

自密实混凝土是指具有高流动性、均匀性和稳定性，浇筑时不需要外力振捣，能够在自重作用下流动并充满模板空间的混凝土。

（3）纤维混凝土。

纤维混凝土是指掺加钢纤维或合成纤维作为增强材料的混凝土。

（4）合成纤维混凝土。

合成纤维混凝土是指掺加合成纤维作为增强材料的混凝土。

（5）钢纤维混凝土。

钢纤维混凝土是指掺加钢纤维作为增强材料的混凝土。

（6）轻骨料混凝土。

轻骨料混凝土是指用轻粗骨料、轻砂或普通砂、胶凝材料、外加剂和水配制而成的干表观密度不大于 $1950kg/m^3$ 的混凝土。

（7）重混凝土。

重混凝土是指用重晶石、铁矿石等重骨料配制的干表观密度大于 $2800kg/m^3$ 的混凝土。

2.1.3 混凝土制备

58. 搅拌的定义是什么，混凝土搅拌的作用是什么

搅拌是通过搅拌器发生某种循环将两种或两种以上的物料，经器械搅动而达到各物料相互分布均匀的过程。

现代混凝土所使用的原材料按粒径大小排序分粗骨料、细骨料、胶凝材料、外加剂和水，混凝土拌和物需要将所有材料充分混合均匀，因此搅拌是混凝土生产工艺过程中极其重要的一道工序。混凝土的配合比是按细骨料填满粗骨料的空隙、水泥浆均匀分布在粗细骨料的空隙和表面来设计的，因各原材料的物理性能差异较大，若搅拌不好则会导致各原材料分布不均，对混凝土的各种性能将产生较大的负面影响。此外，对混凝土拌和物而言，搅拌会使各类外加剂发挥作用，使水泥颗粒分布均匀以及水化反应更充分，可起到一定的塑化和强化作用。

59. 搅拌的主要目的（任务）有哪些

搅拌的主要任务是使液-液混合的材料体系、气-液混合或固-液混合的材料体系，经搅拌后达到在各个区域内均匀分布。常用的搅拌方式有机械搅拌、气流搅拌、射流搅拌。

混凝土搅拌的任务是使混凝土所用原材料通过机械搅拌最终达到各区域内具有相同的均匀度，各类型混凝土搅拌机的主要作用是通过机械搅拌使物料体系在搅拌筒内发生剪切、位移、对流及扩散的循环运动，最终达到各种组分分布均匀的目的。

对于混凝土而言通过搅拌完成的主要任务有：

（1）使各组分均匀分布，达到宏观和微观上的匀质。

（2）破坏胶凝材料颗粒团聚，使粉体颗粒的表面被水分浸湿，促进弥散现象的发展。

（3）外加剂均匀地分布到粉体表面，使粉体分布更加均匀稳定。

（4）使骨料碰撞摩擦，把骨料表面携带的黏土或石粉均匀地分布到混凝土各区域，防止骨料表层与浆体黏结力差导致界面强度低。

（5）引入一定量的气泡，增加混凝土拌和物的流动性及混凝土的耐久性。

（6）使混凝土各原材料参与运动，运动轨迹交叉，达到各区域组分基本相同。

60. 搅拌过程分为几个阶段

混凝土搅拌过程大致可分为以下五个阶段：

各组分之间初步混合，干物料被水分浸润，各物料之间处于不均匀的状态，由于稠度不同，内聚力也不相同，随着水泥浆包裹骨料并填充空隙，整体物料体积有所减小。

拌和物在搅拌机的作用下发生剪切、位移、摩擦以骨料位置交换带动粉料和水的位置交换，使拌和物的稳定性有所增加，骨料、粉料和水的分布相对均匀。

随着搅拌时间的增加，粉料颗粒的团聚逐渐降低，粉体颗粒均匀分布并填充包裹在骨料的空隙及表面。

混凝土在搅拌的过程中发生着物理和化学变化，外加剂的作用发挥明显，可充分分布到水泥颗粒表面降低化学变化，此时物料分布已经基本稳定，稠度和搅拌阻力也基本

稳定。

随着搅拌时间的延长，因搅拌导致的混凝土形态变化，会引入一定量的气泡在混凝土内部分布。

61. 原材料贮存有哪些具体要求

原材料贮存需要考虑位置明确、方便实用、安全合理、节能降耗、物料均匀、质量稳定等，搅拌站常用材料主要分骨料、胶凝材料、液料、各类外加剂与特种材料，每种材料输送方式不同，需要建立料场、筒仓、罐体、水池等设施进行分类存放。

（1）骨料贮存。

① 按等级将骨料分仓储存，每个仓位采用隔墙隔开，隔墙高度不得小于2m，相邻仓位的骨料粒径变化不宜过大。

② 在明显的位置做好原材料标识牌，主要信息包括材料名称、产地、规格等，特殊材料用仓也需明确标识，轻骨料宜采用储料池储存。

③ 粗骨料和细骨料的储存应分为合格区域和待检区域，各种材料不得混仓。

④ 仓内地面设坡度，不得积水并且做混凝土硬化地面。为达到环保要求及保持原材料质量稳定，包括储料斗在内的所有地面、材料储存场地须配备钢结构顶棚，钢结构顶棚的拱高度宜超过卸货车辆最高高度3m。

⑤ 粗骨料宜分布卸料，高度宜低于4m，避免出现大颗粒滑落导致粒径分布不均匀。

（2）粉料贮存。

① 粉料一般采用螺旋输送机输送，粉料宜储存在筒仓内，筒仓应保证密封性能良好，防止雨、雪进入，一仓一料，往筒仓内打料时会出现高压气流，实际存放高度不宜超过筒仓额定量的80%，筒仓设有测量装置或压力感应器计量仓位的储存量。

② 每一罐体与打料口明确标注各种粉料的生产企业、水泥品种、强度等级等，这样可以很好地将不同生产企业或不同品种区分，打料口处设有电子锁或人工锁由材料管理员负责开关，预防打错仓位混料。

③ 作为质检人员对存放期超过三个月的材料使用前应重新检验，并按检验结果使用，站内的设备维护保养人员需要及时对贮存水泥保持密封、干燥，防止受潮。

（3）外加剂贮存

① 常见外加剂均为液体外加剂，可采用管道输送方式，需要建立罐体存放，常见罐体有金属罐体和塑料罐体，罐体底部需有平整且足以支持罐体的垫层，外部有保温措施。

② 不同的外加剂要分仓存放，在显著地方设有醒目的指示铭牌，标明材料名称、产地、规格等，不同品种的外加剂不要混仓存放。

③ 仓位设有测量液位的装置便于盘库和补充，生产人员定期对外加剂罐巡查，避免出现泄漏导致环境污染和经济损失。

62. 混凝土原材料的投料有何具体要求

混凝土搅拌机的投料是有顺序的，不能随便将物料投放之后就搅拌，投料顺序应从提高混凝土拌和物质量以及混凝土的强度、减少骨料对叶片和衬板的磨损及混凝土拌和物与搅拌筒的黏结、减少扬尘、改善工作环境、降低电耗、提高生产率等方面综合考虑决定，其中以混凝土的质量为首位。当搅拌的几种物料的混合数量之比相差较大时，应先投数量多的物料，然后投数量少的物料。

对于没有特殊要求的混凝土，目前比较广泛使用的是一次性投料法，也就是将砂、石、水泥、掺和料等原材料依次放入料斗后再和水一起进入搅拌机进行搅拌。所谓依次投料是指，所有原材料并非同时一次性放入料斗，通常先投砂、石，再投粉料，最后投水和减水剂，彼此之间有数秒的间隔，边投料边搅拌。

63. 混凝土搅拌时间有哪些具体规定

从所有原材料全部投入搅拌机中算起至开始卸料为止所经历的时间称为混凝土搅拌时间。按《预拌混凝土》（GB/T 14902—2012）的规定，混凝土在搅拌机中的搅拌时间不应少于30s。按《混凝土质量控制标准》（GB 50164—2011）的规定，混凝土搅拌的最短时间为60s，同时规定双卧轴强制式搅拌机，可在保证混凝土拌和物均匀的情况下适当缩短搅拌时间。根据上述两个标准，混凝土搅拌时间不应少于30s。

在实际生产中，混凝土拌和物的匀质性应满足《建筑施工机械与设备 混凝土搅拌机》（GB/T 9142—2021）中搅拌性能试验要求，另外特殊混凝土应满足用户的搅拌时间要求。通常可按如下规定执行：

（1）按混凝土强度等级确定搅拌时间。

按照混凝土的强度等级，搅拌机搅拌时间可参照表2-7执行。

表2-7 混凝土的强度等级与搅拌机搅拌时间的关系

强度等级（MPa）	≤C30	C35	C40	C45	C50	C55	C60
搅拌时间（s）	≥30	≥35	≥40	≥45	≥50	≥55	≥60

（2）按混凝土的特殊性确定搅拌时间。

C30及以下强度等级、抗渗、添加特种外加剂或特殊材料的混凝土，其搅拌时间在30s的基础上相应增加10～15s；C35～C60强度等级、抗渗、添加特种外加剂或特殊材料的混凝土，其搅拌时间在35～60s的基础上增加20～30s。

搅拌时间是提高混凝土质量稳定性、均匀性的重要参数，也是影响混凝土生产效率及产能发挥的重要参数，不得随意缩短或延长。

64. 混凝土搅拌站（楼）的设计产能有哪些

设计产能是反映搅拌站（楼）生产能力大小的重要指标，依据《预拌混凝土搅拌站（楼）产能核定方法》（T/CCPA21—2021、T/CBMF 126—2021）的规定，常见配套不同公称容量搅拌机的搅拌站核定产能见表2-8。

表2-8 混凝土搅拌站产能核定速查表

搅拌机公称容量（m^3）	搅拌机理论生产率（m^3/h）	搅拌站台时核定产能（m^3/h）	搅拌站日核定产能（m^3/d）	搅拌站年核定产能（$10^4 m^3/$年）
0.50	30	24	518	8
0.75	45	36	778	11

续表

搅拌机公称容量 (m^3)	搅拌机理论生产率 (m^3/h)	搅拌站台时核定产能 (m^3/h)	搅拌站日核定产能 (m^3/d)	搅拌站年核定产能 ($10^4 m^3/$年)
1.00	60	48	1037	15
1.25	75	60	1296	19
1.50	90	72	1555	23
2.00	120	96	2074	30
2.50	150	120	2592	38
3.00	180	144	3110	45
3.33	200	160	3456	50
3.50	210	168	3629	53
4.00	240	192	4147	60
4.50	270	216	4666	68
5.00	300	240	5184	75

注：本表适用于秦岭—淮河一线以南地区，使用周期式双卧轴搅拌机的预拌混凝土搅拌站，以北地区应根据所处区域乘以冬期施工影响系数 0.70~0.95。

65. 混凝土原材料计量有哪些具体规定

计量设备的精度应符合《建筑施工机械与设备 混凝土搅拌站（楼）》（GB/T 10171—2016）的有关规定。应具有法定计量部门签发的有效检定证书，并应定期校检。混凝土生产单位每月应自检一次；每一工作班开始前，应对计量设备进行零点校准。

原材料的计量允许偏差不应大于表 2-9 规定的范围，并应每班检查不少于一次。

表 2-9 混凝土原材料的计量允许偏差值

项目	水泥	砂	石	水	外加剂	掺和料
每盘计量允许偏差（%）	±2	±3	±3	±1	±1	±2
每车累计计量允许偏差（%）	±1	±2	±2	±1	±1	±1

注：累计计量允许偏差是指每一运输车中各盘混凝土的每种材料计量和的偏差。

66. 如何根据搅拌机电流预判混凝土均匀性及流动度

混凝土在投料搅拌过程中，搅拌机电流从小到大，达到峰值后下降至某一个稳定值，此时可判定混凝土基本搅拌均匀，可以卸料（图 2-4）。一般情况下，低强度等级混凝土，稳定电流相对较小；高强度等级混凝土，稳定电流相对较大。混凝土流动度越小，稳定电流越大；混凝土流动度越大，稳定电流越小，但不同配合比的稳定电流有差异。因此，操作员一定要注意观察记录每盘混凝土的搅拌机电流，与质检员共同积累并确定每个配合比出机坍落度所对应的稳定电流区间数据。当稳定电流小于该区间时，说明拌和物流动度可能偏大，可适当减少用水量；当稳定电流大于该区间时，说明拌和物流动度可能偏小，可在授权加水范围内可适当增加用水量。当超出授权范围时，应立即通知质检员调整生产配合比，不得擅自加水。

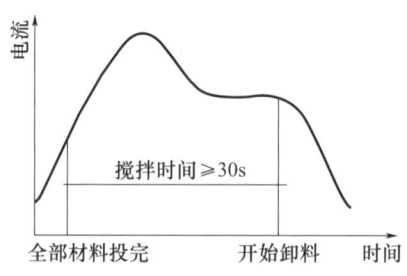

图 2-4 电流与均匀性的对应关系

2.1.4 生产设备维保

67. 简述混凝土搅拌机的基本构造

混凝土搅拌机由搅拌机盖、搅拌筒体、搅拌装置、轴端密封、传动装置、衬板、卸料门、润滑系统等组成。

（1）搅拌机盖。

搅拌机盖是为搅拌主机工作时防尘和进料连接而设计的，盖与桶体间采用螺栓连接，中间有密封胶条，各进料口形状和位置可按不同机型或用户要求制作，检视门有安全开关。机盖设计喷雾系统有效地压住投料时扬起的粉尘并与吸尘装置连在一起，确保满足环保要求。

（2）搅拌筒体。

搅拌筒体由优质钢板整体弯成 Ω 形，而且由特别管状框架承托，有足够的刚度和强度，保证主机的正常运作。

（3）搅拌装置。

两根搅拌轴上的多组搅拌臂和叶片组成搅拌装置，保证桶体内混合料能在最短时间内做充分的纵向和横向掺和，达到充分拌和的目的。搅拌臂分为进给臂、搅拌臂、返回臂，同时为了便于磨损后的调整和更换，每组搅拌叶片均能方便地在受力磨损的方向调整，直至搅拌叶片正常磨损后更换。

（4）轴端密封。

轴端密封位于搅拌机的搅拌轴上，处于搅拌叶片（缸体内）与支承轴承（缸体外）之间，其主要作用是防止轴端漏浆，即搅拌机在工作时泥浆由缸体上的固定部件与旋转部件之间的间隙向缸体外挤出。

轴端密封的基本结构如图 2-5 所示，浮动密封环、转毂、搅拌轴、密封圈和滑毂组成内腔，由单独油道供油使内腔保持一定压力，防止水泥浆和污染的油脂渗入；浮动密封环、转毂、搅拌筒法兰和滑毂组成迷宫式外腔，由单独油道供油使外腔保持适当的压力，防止水泥浆侵入。工作时浮动密封环 A 通过 O 形圈与滑毂的摩擦力保持静止不动，浮动密封环 A 通过 O 形圈的摩擦力与转毂一起转动，转毂由搅拌轴驱动，两浮动密封环的接合端面产生相对运动，形成光滑的环带，隔离内外腔达到密封效果。J 形密封圈的主要作用是防止浮动密封环内腔的润滑油向外泄漏。

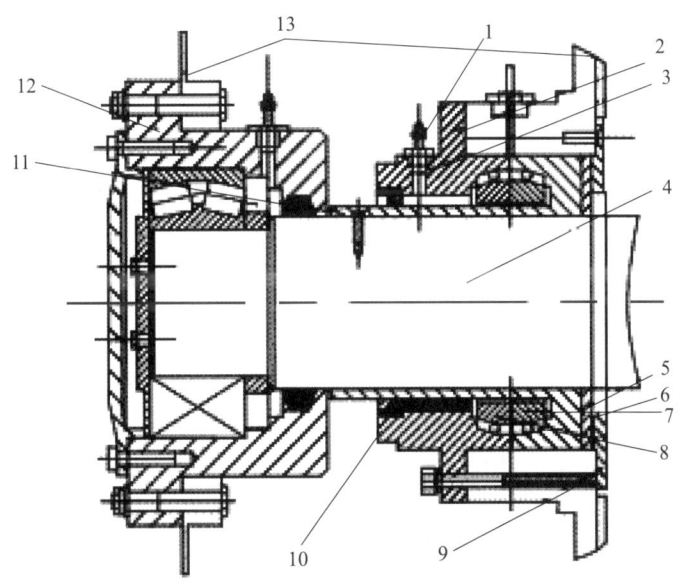

图 2-5 轴端密封的基本结构

1—油杯；2—滑毂；3—润滑油口；4—搅拌轴；5—挡圈；6—定动间隙；7—浮动密封环 B；8—浮动密封环 A；9—盖板；10—J 型密封圈；11—转毂；12—支撑轴承组件；13—搅拌机壳体

（5）衬板。

弧衬板为高铬耐磨合金铸铁，特殊设计的菱形结构能提高衬板的使用寿命，端衬板由优质高锰耐磨钢板制成。

（6）卸料门。

卸料门的结构形式独特可靠，整体弧面与桶内衬板面持平，能有效地减少强烈冲击，磨损真正做到优质耐久，另外，卸料门两端的支承轴承座可上下调节，接触面磨损后可以调节间隙，确保卸料门的密封。卸料门采用进口液压系统驱动，与传统的气动形式相比具有结构紧凑，动作平稳，开门定位准确，能手动开关门等特点。油泵系统产生的高压油通过控制系统，经高压油管作用到油缸，驱动卸料门的开关，通过调节卸料门轴端接近开关的位置和电控系统共同作用，可以实现卸料门开门到位的任意调整，以实现不同的卸料速度。

68. 简述搅拌楼（站）的基本构造

混凝土搅拌楼（站）主要由搅拌主机、物料称量系统、物料输送系统、物料贮存系统和控制系统等五大系统和其他附属设施组成。

（1）搅拌主机。

搅拌主机按其搅拌方式分为强制式搅拌主机和自落式搅拌主机。强制式搅拌主机是目前国内外搅拌站使用的主流，它可以搅拌流动性、半干硬性和干硬性等多种混凝土。自落式搅拌主机主要搅拌流动性混凝土，目前在搅拌站中很少使用。

强制式搅拌主机按结构形式分为主轴行星搅拌主机、单卧轴搅拌机和双卧轴搅拌主机。而其中尤以双卧轴强制式搅拌主机的综合使用性能最好。

（2）物料称量系统。

物料称量系统是影响混凝土质量和混凝土生产成本的关键部件，主要分为骨料称量、粉料称量和液体称量三部分。一般情况下,理论生产率在 $20m^3/h$ 以下的搅拌站采用叠加称量方式,即骨料(砂、石)用一把秤,水泥和粉煤灰用一把秤,水和液体外加剂分别称量,然后将液体外加剂投放到水称斗内预先混合。而在理论生产率在 $50m^3/h$ 以上的搅拌站中,采用各种物料独立称量的方式,所有称量都采用电子秤及微机控制。骨料称量精度不高于 2%,水泥、粉料、水及外加剂的称量精度均达到不高于 1%。

(3) 物料输送系统。

物料输送由三个部分组成。

① 骨料输送。目前搅拌站输送有料斗输送和皮带输送两种方式。料斗输送的优点是占地面积小、结构简单。皮带输送的优点是输送距离大、效率高、故障率低。皮带输送主要适用于有骨料暂存仓的搅拌站,从而提高搅拌站的生产率。

② 粉料输送。混凝土可用的粉料主要是水泥、粉煤灰和矿粉。目前普遍采用的粉料输送方式是螺旋输送机输送,大型搅拌楼有采用气动输送和刮板输送的。螺旋输送机输送的优点是结构简单、成本低、使用可靠。

③ 液体输送主要输送水和液体外加剂,它们分别由水泵输送。

(4) 物料贮存系统。

骨料露天堆放或用封闭料仓及筒仓贮存;粉料用全封闭钢结构筒仓贮存;外加剂用钢结构或塑料容器贮存。

(5) 控制系统。

搅拌站的控制系统是整套设备的中枢神经。控制系统根据用户不同要求和搅拌站的大小而有不同的功能和配制,一般情况下施工现场可用的小型搅拌站的控制系统简单一些,而大型搅拌站的控制系统相对复杂一些。

69. 简要说明计量装置的基本构造

计量系统安装在主楼框架的计量层上。计量系统是各种粉料、水、外加剂等物料的计量、存储装置的组合,包括计量层框架、粉料计量装置、外加剂计量装置、水计量装置。

以某型号搅拌站的计量装置为例(不同厂家、型号的设备构造略有差异),计量装置的基本构造如图 2-6 所示。

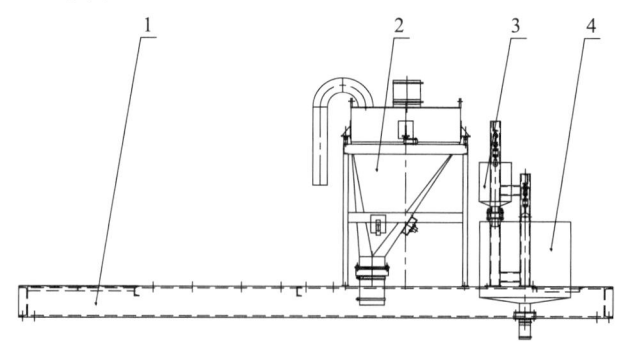

图 2-6 原材料计量装置的基本构造
1—计量层框架;2—粉料计量装置;3—外加剂计量装置;4—水计量装置

计量层框架以槽钢为主焊接而成，承载各种计量装置。

粉料计量装置包括水泥秤与粉煤灰秤。其中，粉煤灰秤为叠加秤，称量粉煤灰和矿粉两种物料。水泥秤容积为 $1.2m^3$，称斗上装有一只气动球形振动器、三只称重传感器；称斗下部安装有气动蝶阀，气动蝶阀用来控制水泥的称量与卸料；在称斗盖上安装有通气管路，通过波纹管与主机相连，通气管路可保证称斗内气压平衡，水泥落料顺畅。

粉煤灰秤容积为 $0.75m^3$，称斗上装有一只气动球形振动器、三只称重传感器；称斗下部安装有气动蝶阀，气动蝶阀用来控制粉煤灰的称量与卸料；在称斗盖上安装有通气管路，通过波纹管与主机相连，通气管路可保证称斗内气压平衡，粉煤灰落料顺畅。

外加剂计量装置包括斗体、一只称重传感器、一只气动蝶阀、一个限位支架。斗体容积为 $0.034m^3$，气动蝶阀用来控制外加剂的称量与卸料，限位支架用来限制斗体的晃动，提高计量精度。

水计量装置包括斗体、一只称重传感器、一只气动蝶阀、一个限位支架。斗体容积为 $0.5m^3$，气动蝶阀用来控制水的称量与卸料，限位支架用来限制斗体的晃动，提高计量精度。

70. 简要说明混凝土搅拌站的工控系统

混凝土搅拌站控制系统种类繁多，其中应用广泛的是可编程逻辑控制器（Programmable Logic Controller，PLC）控制系统，即工控机＋智能配料仪表＋PLC。

（1）PLC控制系统的原理。

PLC控制系统将控制任务分成三部分，由工控机、智能配料仪表、PLC各完成其中一部分。工控机主要负责将生产任务下达到PLC以及智能配料仪表，配方管理，采集智能配料仪表配料数据存储管理，采集PLC状态点动画显示及报警提示，打印报表；智能配料仪表接收工控机输入的配方数据与PLC发出的启动信号，负责配料控制过程，传感器返回信号直接接入智能配料仪表，智能配料仪表将模拟信号放大并转换成质量显示；PLC负责控制生产动作全过程，接收工控机发出的启动信号与外部开关量输入的限位开关信号、设备运行信号，经逻辑判断控制智能配料仪表运行，控制搅拌时间及搅拌机开关门等。

（2）PLC控制系统的优缺点。

优点：有配料智能仪表，在工控机发生故障的情况下可通过智能配料仪表与操作台按钮手动完成生产控制过程，系统稳定性相对较好；PLC只完成开关量控制，配料过程全部由智能配料仪表完成，程序编写相对简单，对技术人员的要求相对较低。

缺点：电气控制复杂、接线较多，中间继电器有的受智能配料仪表控制，有的受PLC控制，用户在维护维修时排除故障相对较难，对维护维修人员素质要求较高。

在实现同等功能及保证系统稳定性的前提下，控制系统软件硬件越简单越方便使用，越能适应不同水平、不同层次的用户。

71. 生产前的设备检查有哪些程序

（1）每班开机前，操作人员要对搅拌主机减速箱油量、卸料闸门油压泵油量、搅拌轴轴头油量（应大于1/2），润滑油量是否充足、压力是否正常、各油管及接头有无断裂和脱落，皮带输送机、螺旋输送机等部位的润滑点进行检查，并加注润滑油脂。

（2）检查搅拌机内是否有金属物，叶片、衬板等固定螺栓有无松动现象。

（3）合上总电源开关→合上控制电源开关→合上净化电源开关→合上 PLC 电源开关。合上工控电源开关→启动监控程序，检查监控箱各监测指示灯有无异常（油量、油温、润滑油马达工作状态）。

（4）空载启动搅拌主机皮带输送机运转 10min，检查运转是否正常，有无异响，输送皮带有无走偏和断裂，如发现异常立即通知维修人员进行排除。

（5）启动空压机，检查运转是否正常，气路有无漏气，气路压力应保持在 0.55～0.70MPa，混凝土供气压应为 0.02MPa。

（6）检查供水系统、液态外加剂系统的运转是否正常，管路是否畅通，是否无渗漏。检查水池和液态外加剂罐液量是否充足。

（7）检查各处卸料门、电磁阀、气缸启闭是否正常，各行程开关、信号线路工作是否正常。

（8）用手动方式点动螺旋输送机，检查运转是否正常。加注润滑油脂。

72. 计量设备的校核有哪些要求

为了保证配料计量准确，确保混凝土的质量控制，计量设备在使用前及使用过程中应进行校核，以确保称量的精准度。

（1）计量过程中计量误差应符合《预拌混凝土》（GB/T 14902—2012）中混凝土计量允许偏差规定。

（2）校核计量过程中计量误差为负值，超出规定误差范围的应采用手动补偿；校核计量过程中计量误差为正值，超出规定误差范围的应及时调整加料门和落差。

（3）用标准砝码对各电子秤标定的周期为粉料秤、外加剂秤每周一次，骨料秤、水秤每月一次并做记录，记录保存时间为 2 年。

（4）每天应对每条生产线生产混凝土密度用地磅复检一次。

（5）当计量设备出现异常，称量值漂移不定时，要及时上报，检查修复并标定校准。

（6）零点校核方法按照所使用的计量设备说明书进行校核。

73. 如何设定搅拌生产工艺相关参数

（1）搅拌生产工艺参数设定主要包括骨料秤参数设定、粉料秤参数设定、液料秤参数设定、卸料设定、时间设定及其他设定。

（2）骨料秤参数设定、粉料秤参数设定及液料秤参数设定主要是根据情况对自动扣称、误差补偿、粗称剩余量、细称剩余量、允许剩余误差及精称脉冲时间等参数进行设定。

（3）卸料设定主要是对骨料卸料顺序及间隔时间进行设定。

（4）时间设定主要是对搅拌时间、响铃时间、皮带时间及主机开门时间和关门时间进行设定。

（5）其他设定主要是对配料振动速度及卸料振动速度进行设定。

74. 简述混凝土搅拌设备操作规程

（1）开机前准备。

① 开机前与巡检工取得联系，确认生产线设备是否具备开机条件。

② 打开控制微机，观察各参数显示是否正常，逐一检查搅拌主机、输送设备、收尘设备、空压机、水泵（外加剂泵）、计量装置、控制阀等设备是否处于正常状态。

③ 打开各监视器，检查确认平皮带机头转接斗、计量斗等有无存料，骨料仓有无存料等情况，必要时通知巡检工确认。

④ 对生产原材料品种、规格、厂家、仓号与操作页面标识进行对应核对确认。

（2）开机顺序。

空压机→搅拌主机（同时除尘器自动启动）→斜皮带→平皮带。

（3）生产操作。

① 各项检查均处于正常状态后，启动配料及搅拌系统进行生产。

② 认真看准车号，要与工地名称、混凝土强度等级相对应，核对无误后方可启动配料搅拌。

③ 生产过程中若发现混凝土质量有异常情况（如坍落度异常、计量不准、弧形阀/蝶阀关闭不严等），要及时通知质量调度采取相应措施，协助实验室把好质量关；同时向生产工段汇报对设备异常进行调整恢复。

④ 生产过程中发现设备/操作参数、设备运行异常，要立即停机检查，不得带"病"运行，并及时通知生产工段进行相应处理。

⑤ 根据物料特性变化、产品品种/特性变化、季节变化，实时调整工控操作参数。

⑥ 放料时要观察接料车辆是否准确就位，防止物料溢出。

（4）停机顺序。

平皮带→斜皮带→搅拌主机（收尘器延时关闭）→空压机。

（5）停机后检查。

① 班中生产线停机时间达到0.5h（夏季）/1h（春秋季）/2h（冬季）时清洗搅拌主机，以免混凝土黏结在搅拌机轴上。

② 生产结束后，通知相关人员及时清除主机内积物。

③ 冬季生产完成后，须将骨料仓余料及水、外加剂管路中的液体放净，防止冻结。

④ 认真履行交接班制度，做好交接班手续，认真填写交接班记录。

75. 皮带输送机的操作规程是什么

（1）固定式输送机应按规定的安装方法安装在固定的基础上。

（2）输送机使用前须检查各运转部分和承载装置是否正常，防护设备是否齐全。胶带的张紧度须在启动前调整到合适的程度。

（3）皮带输送机应空载启动，等运转正常后方可入料，禁止先入料后开车。

（4）有数台输送机串联运行时，应从卸料端开始，顺序起动。全部正常运转后，方可入料。

（5）当运行中出现胶带跑偏现象时，应停车调整，不得勉强使用，以免磨损边缘和增加负荷。

（6）输送带上禁止行人或乘人。

（7）停车前必须先停止入料，等皮带上存料卸尽方可停车。

（8）输送机电动机必须绝缘良好，电动机要可靠接地。

(9) 皮带打滑时严禁用手去拉动皮带,以免发生事故。
(10) 皮带运转时,严禁进行维修及清理操作。

76. 螺旋输送机的操作规程是什么

(1) 工作前必须按规定穿戴好劳动防护用品。
(2) 开机前的检查。
① 检查机槽及卡盖应密闭良好,现场安全设施及设备防护装置齐全。
② 确认待启动设备周围没有人或障碍物。
(3) 开车后的注意事项。
① 开车后检查电机、减速机及输送叶片的运转是否正常,如发现异常应及时通知中控人员做停机处理。
② 检查绞刀下盖、卡扣是否盖好卡牢,防止漏灰及灰尘飞扬。
③ 检查输送机尾部或壳体有无漏料,如有漏料应及时清理,防止物料堆积。
④ 严禁在运转的设备上跨越或行走。
⑤ 严禁将含铁器或硬性颗粒的物料喂入螺旋输送机内,以防止损坏、卡死设备。
⑥ 运转中严禁将机体盖取下查看物料输送情况。
(4) 检修与维护。
① 设备检查(检修)时必须严格执行停送电作业手续。
② 螺旋输送机需要维修的应按规定办理高处作业许可证。

77. 搅拌设备紧急停机的操作步骤及注意事项有哪些

搅拌设备紧急停机是通过"紧急停止"按钮来实现的,"紧急停止"按钮是一个红色的蘑菇形按钮,位于操作面板的左上方或者主机上。当出现紧急、突然、来不及处理的危险情况时,可以用手拍下"紧急停止"按钮,这个按钮将停止除电铃以外的一切电机和执行器件,包括主机。当危险解除后,可以旋转释放"紧急停止"按钮。

78. 搅拌机的清洗、清理方法有哪些注意事项

(1) 清洗方法(搅拌机外作业)。
① 断开该生产线总电源开关,锁好配电柜门(停电挂牌)后,清洗搅拌机内壁、搅拌装置、卸料门周围及其他方位的残料,并观察搅拌叶轮、衬板等搅拌装置的连接固定螺栓。
② 用高压水枪清洗清扫集料斗和粉料计量斗卸料门。
③ 清扫主机外表,清洗主机下卸料斗。
④ 放尽空压机贮气罐内积水(冬季排尽空压机及罐内气体)。
⑤ 启动粉仓除尘器,抖落黏附在过滤器上的粉料(建议使用负压式除尘器)。
⑥ 冬季必须放尽水管和外加剂管路内的液体或者加装保温措施。
⑦ 生产完成后必须在主机停机后1h左右,最长不超过2h,完成主机内和料门轴部位的清洗作业。
(2) 清理方法(搅拌机内作业)。
① 办理相关作业许可证,待相关作业许可后,开始作业,断开该生产线总电源开关,锁好配电柜门(停电挂牌)后,按下主机急停开关,并拔下急停开关钥匙,由作业

人员保管。

② 打开主机两侧观察门，一侧安装排风扇，架设不高于 24V 的低压照明设备。

③ 作业人员佩戴好劳动防护用品，由专门人员检测完主机内气体含量，满足作业要求且监护人到位后，作业人员方可进入主机进行清理作业。

④ 进入主机清理搅拌机内壁，搅拌装置、卸料门周围及其他方位的粘料。

⑤ 完成清理作业，收拾完工具，人员退出主机后，关闭观察门，插入急停开关钥匙，复位急停开关，办理送电手续后，摘下停电挂牌警示牌，合上该生产线总电源开关，启动主机，将主机内的结块料搅拌清理出主机。

⑥ 关闭主机，按下急停开关，拔下急停开关钥匙，由作业人员保管，并再次开启观察口，查看并确保清理的结块料全部清理出主机。

⑦ 插入急停开关钥匙，复位急停开关，开启主机，注水搅拌，排出污水，办理有限空间作业票。

⑧ 在有限空间内作业要遵循先通风、再检测、后作业原则，宜采用连续监测方式，定时监测时间不超过 2h，并做好记录。

79. 计量设备的日常保养要点有哪些

计量设备包括传感器、连接器（或者连接部件）、放大器等，是搅拌站至关重要的部分，其日常保养要点如下：

（1）防雷击、电焊电流烧毁。

（2）做好防尘、防潮和防止各种外部损伤。

（3）处理好连接部分，使其牢固、安全接触良好。

（4）防止非正常的物料的超载使其损坏。

（5）检查每个计量元器件等的电位搭接线是否有效完好。

80. 搅拌设备的日常保养有哪些方面

（1）传动系统。

各传动齿轮、减速箱、链条等按规定加足润滑油（脂）；传动部分声音正常，减速箱、轴承不发热、不漏油；三角传送带松紧适宜（中部能按下 10~15mm），传动链条中部下沉不得大于 20mm；钢丝绳无较大磨损，夹头和连接牢固，表面有润滑脂（石墨钙基）；制动器和离合器性能良好，制动片磨损到一定程度时要进行更换。

（2）其他润滑部件。

搅拌机轴端密封按照规定在每一次主机启动时加油或者定时加油，以保证油封结构长期正常运转；其他的加油点，如转动轮和轨道要定时加油。

（3）搅拌系统。

搅拌筒运转平稳，衬板、叶片、没有松动现象，如有损坏及时更换；当衬板、叶片、刮板、搅拌臂等磨损至一定程度或者不能调整时，要及时更换。及时或者定期清理搅拌机内黏渍的混凝土，当搅拌机内壁上的混凝土越粘越厚的时候，不但搅拌机的容积要减小，粘留混凝土的速度也会加快；砂、石下料口会因为物料的黏结使下料口的斗门开关出现障碍，水泥的下料口会因为水泥的黏结越来越小，造成投料困难，因此要定期进行清理。外加剂的投料管路可能因为沉淀和凝固使投料速度减慢或者造成堵塞,也要定期清理。

(4) 安装紧固和清洁。

主机机身和支架、上料支架和其他设施的安装和连接要牢固,各紧固件要完整、齐全和牢固;机身、场地和主机室要保持清洁,无杂乱物品堆放;地基周围不得积水,冰冻季节避免水路存水;振动部件和与之连接部分要紧固。

2.2 四级/中级工

2.2.1 原材料知识

81. 通用硅酸盐水泥主要性能指标有哪些

常用水泥包括硅酸盐水泥和普通水泥,其技术性能指标主要有化学指标、碱含量和物理指标。化学指标包括不溶物含量、烧失量、三氧化硫含量、氧化镁含量和氯离子含量。水泥物理指标包括凝结时间、安定性、强度和细度,其指标值应符合表2-10中的规定。

表2-10 通用硅酸盐水泥物理性能指标

品种	强度等级	抗压强度(MPa)		抗折强度(MPa)		凝结时间	安定性	细度(选择性)	
		3d	28d	3d	28d			比表面积(m^2/kg)	筛余
硅酸盐水泥	42.5	≥17.0	≥42.5	≥3.5	≥6.5	初凝≥45min;终凝≤390min	沸煮法合格	≥300	—
	42.5R	≥22.0		≥4.0					
	52.5	≥23.0	≥52.5	≥4.0	≥7.0				
	52.5R	≥27.0		≥5.0					
	62.5	≥28.0	≥62.5	≥5.0	≥8.0				
	62.5R	≥32.0		≥5.5					
普通水泥	42.5	≥17.0	≥42.5	≥3.5	≥6.5	初凝≥45min;终凝≤600min		≥300	—
	42.5R	≥22.0		≥4.0					
	52.5	≥23.0	≥52.5	≥4.0	≥7.0				
	52.5R	≥27.0		≥5.0					

82. 水泥物理性能指标的术语定义是什么

(1) 强度等级。

强度等级是按规定龄期(3d和28d)水泥胶砂试块的抗压强度和抗折强度来划分,各强度等级水泥的各龄期强度值不得低于标准规定的数值。

水泥胶砂试块质量配合比水泥:标准砂:水三者之间的比例为1:3:0.5,按标准要求制成的标准尺寸试块(40mm×40mm×160mm),通过水泥压力试验机和抗折试验机测试水泥的抗压强度和抗折强度。而标准砂是专门用于检验水泥胶砂强度的基准物质。

(2) 凝结时间。

凝结时间是指水泥从拌水开始到失去流动性，即从可塑性状态发展到固体状态所需的时间。其中：

初凝时间是指从加水拌和起，到水泥浆体开始失去可塑性所需的时间。

终凝时间是指从加水拌和起，到水泥浆体完全失去可塑性并开始产生强度所需的时间。

(3) 安定性。

安定性是指水泥浆体硬化后体积变化的稳定性。水泥中游离氧化钙、游离氧化镁或过量石膏在水泥水化、硬化过程中会产生异常膨胀，这种现象称为水泥体积安定性不良。体积安定性不良的水泥配制混凝土，易导致混凝土结构开裂，严重时降低混凝土结构的承载力和耐久性。

这种不良反应在常温下通常比较慢，为了缩短检测时间，在进行安定性检测时需要将试块放在水中煮沸，因此称为沸煮法（仅适用于游离氧化钙过量导致的安定性不良）。

(4) 细度及其表示方法。

细度是指粉磨后水泥颗粒总体的粗细程度，有两种表示方法：一是比表面积；二是筛余。

比表面积是指单位质量的水泥粉末所具有的总表面积，以 m^2/kg 来表示，采用比表面积仪测定。比表面积值越大，水泥颗粒越细。

筛余是采用筛孔尺寸为 $80\mu m$ 或 $45\mu m$ 的筛对水泥试样进行筛析试验，用筛网上所得筛余物的质量占试样原始质量的百分数来表示水泥样品的细度。筛余值越小，水泥颗粒越细。

83. 粉煤灰的主要技术性能指标有哪些

粉煤灰的主要技术性能指标包括细度、密度、需水量比、含水量、强度活性指数、安定性、烧失量、三氧化硫、游离氧化钙等。其物理性能指标应符合表 2-11 中的要求。

表 2-11 粉煤灰的物理性能指标

项目		理化性能要求		
		Ⅰ级	Ⅱ级	Ⅲ级
细度（$45\mu m$ 方孔筛筛余,%）	F 类粉煤灰	≤12.0	≤30.0	≤45.0
	C 类粉煤灰			
需水量比（%）	F 类粉煤灰	≤95	≤105	≤115
	C 类粉煤灰			
烧失量（L,%）	F 类粉煤灰	≤5.0	≤8.0	≤10.0
	C 类粉煤灰			
含水量（%）	F 类粉煤灰	≤1.0		
	C 类粉煤灰			
密度（g/cm^3）	F 类粉煤灰	≤2.6		
	C 类粉煤灰			
安定性（雷氏法，mm）	C 类粉煤灰	≤5.0		
强度活性指数（%）	F 类粉煤灰	≥70.0		

84. 粉煤灰主要物理性能指标的术语定义是什么

（1）细度（45μm方孔筛筛余）。

粉煤灰颗粒粗细程度用45μm方孔筛筛余表示，指采用45μm方孔筛对粉煤灰试样进行筛析试验，筛上筛余物（颗粒粒径大于45μm的粉煤灰）质量与试样总质量的比值。

（2）需水量比。

需水量比是指试验胶砂的流动度达到同对比胶砂相同流动度时两者的用水量之比。胶砂流动度即为胶砂扩展度，通过水泥胶砂流动度测定仪（简称跳桌）检测。

试验胶砂是由对比水泥和被检验粉煤灰按7∶3质量比混合（被检验粉煤灰以质量比30%等量取代对比水泥），再掺入标准砂和水而成（其质量比同水泥胶砂试块）。对比胶砂则是对比水泥的胶砂试块。

粉煤灰的需水量比越小，减水效果越好，相当于矿物减水剂，有利于混凝土性能的提高。

（3）烧失量。

烧失量是指经过105~110℃温度范围内烘干失去外在水分的原料，在一定的高温条件下灼烧足够长的时间后失去的质量占原始样品质量的百分比。粉煤灰烧失量主要是粉煤灰中未燃尽的碳分含量。碳粒是对混凝土性能有害的物质，将导致粉煤灰活性成分减少，使混凝土的用水量增加，密实度降低，还会明显地影响引气剂和减水剂等外加剂的掺量。

一般来说，烧失量大的粉煤灰的活性较低、细度较粗、需水量比较大。

（4）强度活性指数。

强度活性指数是指试验胶砂与对比胶砂的抗压强度之比，反映的是水泥中掺入粉煤灰后对胶砂强度的影响大小，活性指数高有利于混凝土强度的提高。

（5）安定性。

C类粉煤灰（高钙灰）中含有游离氧化钙，掺入水泥中后同样可能导致体积安定性不良，因此对于C类粉煤灰需要检测安定性。

安定性检测分为定性法（试饼法）和定量法（雷氏夹法）。试饼法是观察试验净浆凝固硬化试饼在沸煮后的外形变化；雷氏夹法是测量试验净浆凝固硬化圆柱体沸煮后的膨胀值。

85. 矿渣粉主要技术性能指标有哪些

矿渣粉的技术性能指标包括密度、比表面积、流动度比、含水量、活性指数、初凝时间比、烧失量、不溶物、三氧化硫、氯离子等。主要技术指标应符合表2-12中的规定。

表2-12 矿渣粉的技术指标

项目	级别		
	S105	S95	S75
密度（g/cm³）	≥2.8		
比表面积（m²/kg）	≥500	≥400	≥300

续表

项目		级别		
		S105	S95	S75
活性指数（%）	7d	≥95	≥70	≥55
	28d	≥105	≥95	≥75
流动度比（%）		≥95		
初凝时间比（%）		≤200		
烧失量（质量分数，%）		≤1.0		
不溶物（质量分数，%）		≤3.0		

86. 矿渣粉主要技术指标的术语定义是什么

（1）流动度比。

流动度比是指试验胶砂和对比胶砂在相同用水量时两者的胶砂流动度值之比。其试验胶砂是由对比水泥和被检验矿渣粉按5∶5质量比混合（被检验矿渣粉以质量比50%等量取代对比水泥），其检测方法同粉煤灰需水量比，但流动度比检测方法更加快捷、准确。

流动度比和需水量比都是评价矿物掺合料是否具有减水效果的指标，不同在于：流动度比是指试验胶砂和对比胶砂在相同用水量时两者的胶砂流动度值之比；需水量比是指试验胶砂的流动度达到同对比胶砂相同流动度时两者的用水量之比。

显然，流动度比与需水量比是相反的一对指标，需水量比如果小于100%，那么流动度比一定大于100%；反之亦然。

（2）初凝时间比。

初凝时间比是指试验净浆与对比净浆的初凝时间之比。试验净浆是由对比水泥和被检验矿渣粉按5∶5质量比混合；对比净浆即为对比水泥净浆。矿渣粉中的少量石膏有可能导致试验净浆初凝时间延长，所以应加以限制。

（3）烧失量。

矿渣粉烧失量的检测方法与粉煤灰烧失量相同。需要注意的是，由于矿渣粉中硫化物含量较多，在高温灼烧中有的氧化为硫酸盐而增重，在试验时需测定灼烧前后三氧化硫含量的变化，对烧失量进行校正。烧失量高意味着矿渣粉中石灰石等杂质含量较高。

（4）不溶物。

不溶物是指经盐酸处理后的残渣，再以氢氧化钠溶液处理，经盐酸中和过滤后所得的残渣经高温灼烧所剩的物质，即经酸和碱处理后，不能被溶解的残余物。不溶物高同样意味着矿渣粉中钢渣、粉煤灰等杂质含量较高。

87. 砂主要技术性能指标有哪些

砂主要技术性能指标包括细度模数、颗粒级配、含泥量、泥块含量，机制砂的主要技术性能指标还包括石粉含量和亚甲蓝（MB）值等。

（1）细度模数。

细度模数通过各方孔筛上的累计筛余计算得出。

（2）颗粒级配。

砂的颗粒级配用级配区表示。除特细砂外，砂的颗粒级配可按公称直径 $630\mu m$ 筛孔的累计筛余百分率，分成三个级配区，分别为Ⅰ区、Ⅱ区和Ⅲ区，且砂的颗粒级配应处于表 2-13 中的某一级配区内。砂的实际颗粒级配与表 2-13 中的累计筛余相比，除公称粒径为 5.00mm 和 $630\mu m$ 的累计筛余外，其余公称粒径的累计筛余可稍超出分界线，但总超出量不应大于5%。若超出5%，说明该砂的颗粒级配不合格。

表 2-13　砂的级配区及级配累计筛余

级配区	Ⅰ区	Ⅱ区	Ⅲ区
公称粒径（mm）	累计筛余（%）		
5.00（机制砂、混合砂）	0～5	0～5	0～5
5.00（天然砂）	0～10	0～10	0～10
2.50	5～35	0～25	0～15
1.25	35～65	10～50	0～25
0.63	71～85	41～70	16～40
0.315	80～95	70～92	55～85
0.16（机制砂、混合砂）	85～97	80～94	75～94
0.16（天然砂）	90～100	90～100	90～100

注：《建设用砂》（GB/T 14684—2022）中，机制砂、混合砂和天然砂的公称粒径为 5.00mm 和 $160\mu m$ 的累计筛余的要求不同。公称粒径和公称直径是指旧标准圆孔筛筛孔直径，与现行标准方孔筛边长略有不同，不是指砂颗粒的实际粒径。

配制混凝土时宜优先选用Ⅱ区砂；当选用Ⅰ区砂时，应提高砂率，并保持足够的水泥用量，满足混凝土的和易性；当选用Ⅲ区砂时，宜适当降低砂率；当选用特细砂时，应符合相应的规定。

（3）含泥量。

应用于不同强度等级混凝土时，含泥量应符合表 2-14 中的规定。

表 2-14　砂中含泥量控制与混凝土强度等级的对应关系

混凝土强度等级	≥C60	C30～C55	≤C25
含泥量（按质量计,%）	≤2.0	≤3.0	≤5.0

对于有抗冻、抗渗或其他特殊要求的小于或等于 C25 混凝土用砂，其含泥量不应大于 3.0%。

（4）泥块含量。

应用于不同强度等级混凝土时其指标值应符合表 2-15 中的规定。

表 2-15　砂中泥块含量与混凝土强度等级的关系

混凝土强度等级	≥C60	C30～C55	≤C25
泥块含量（按质量计,%）	≤0.5	≤1.0	≤2.0

对于有抗冻、抗渗或其他特殊要求的小于或等于 C25 混凝土用砂，其泥块含量不应大于 1.0%。

砂中所含的泥或泥块附着在砂粒表面上，妨碍水泥与砂的黏结，降低混凝土的强度和耐久性，增加混凝土的干缩，特别是对加减水剂混凝土的坍落度以及保坍性能影响较大，因此对混凝土具有危害性，必须严格控制。当砂中的泥含量或泥块含量不能满足要求时，宜对砂进行清洗后再使用。

（5）石粉含量。

应用于不同强度等级混凝土时其应符合表 2-16 中的规定。

表 2-16 石粉含量与混凝土强度等级的关系

混凝土强度等级		≥C60	C30～C55	≤C25
石粉含量（%）	MB<1.4（合格）	≤5.0	≤7.0	≤10.0
	MB≥1.4（不合格）	≤5.0	≤7.0	≤10.0

石粉含量及其 MB 值是机制砂和混合砂的特有指标，也是一个非常重要的指标。石粉和泥虽然颗粒大小相同，但矿物组成和化学成分不同，在混凝土中的作用也不相同。泥是完全有害的物质，而适量石粉对改善混凝土性能是有益的（优质石灰石粉类似于粉煤灰，可以当作混凝土矿物掺合料）。

MB 值是亚甲蓝测定值，是判定石粉性质是以粉为主，还是以泥为主的一个指标。如果检测 MB 值小于 1.4（定量检测）或合格（快速法，定性检测），则石粉含量可以适当放宽，否则石粉含量按含泥量指标控制。依据不同 MB 值，《建设用砂》（GB/T 14684—2022）中石粉含量最高限值已提高至 15%。

88. 碎石主要技术性能指标有哪些

碎石主要技术性能指标包括颗粒级配、针片状颗粒含量、含泥量、泥块含量、压碎值指标等。

（1）颗粒级配。

碎石的颗粒级配应符合表 2-17 中的规定。

表 2-17 碎石的颗粒级配

级配情况	公称粒级（mm）	累计筛余（%）							
		方孔筛筛孔边长尺寸（mm）							
		2.36	4.75	9.5	16.0	19.0	26.5	31.5	37.5
连续粒级	5～16	95～100	85～100	30～60	0～10	0	—	—	—
	5～20	95～100	90～100	40～80	—	0～10	0	—	—
	5～25	95～100	90～100	—	30～70	—	0～5	0	—
	5～31.5	95～100	90～100	70～90	—	15～45	—	0～5	0
	5～40	—	95～100	70～90	—	30～65	—	—	0～5

续表

级配情况	公称粒级(mm)	累计筛余（%） 方孔筛筛孔边长尺寸（mm)						
		2.36	4.75	9.5	16.0	19.0	26.5	31.5	37.5
单粒粒级	5～10	95～100	80～100	0～15	0	—	—	—	—
	10～16	—	95～100	80～100	0～15	0	—	—	—
	10～20	—	95～100	85～100	—	0～15	0	—	—
	16～25	—	—	95～100	55～70	25～40	0～10	0	—
	16～31.5	—	95～100	—	85～100	—	—	0～10	0
	20～40	—	—	95～100	—	80～100	—	—	0～10
	25～31.5	—	—	—	95～100	—	80～100	0～10	0

注："—"表示该孔径累计筛余不做要求；"0"表示该孔径累计筛余为0。

(2) 针片状颗粒含量。

碎石或卵石按其针片状颗粒含量应用于不同强度等级混凝土应符合表2-18中的规定。

表2-18 碎石或卵石中针片状颗粒含量

混凝土强度等级	≥C60	C30～C55	≤C25
针片状颗粒含量（按质量计,%）	≤8	≤15	≤25

比较理想的骨料是接近正多面体或球形的颗粒。而针片状颗粒易折断，含量超过一定界限时会增大骨料的空隙率和总表面积，使混凝土拌和物的和易性、强度、耐久性降低。

(3) 含泥量。

应用于不同强度等级混凝土时碎石或卵石中的含泥量应符合表2-19中的规定。

表2-19 碎石中的含泥量

混凝土强度等级	≥C60	C30～C55	≤C25
含泥量（按质量计,%）	≤0.5	≤1.0	≤2.0

对于有抗冻、抗渗或其他特殊要求的混凝土，其所用碎石或卵石中含泥量不应大于1.0%。当碎石或卵石中含泥是非黏土质石粉时，其含泥量可由表2-19中的0.5%、1.0%、2.0%分别提高到1.0%、1.5%、3.0%。

(4) 泥块含量。

应用于不同强度等级混凝土时碎石或卵石中泥块含量应符合表2-20中的规定。

表2-20 碎石中的泥块含量

混凝土强度等级	≥C60	C30～C55	≤C25
泥块含量（按质量计,%）	≤0.2	≤0.5	≤0.7

对于有抗冻、抗渗或其他特殊要求的强度等级小于C30的混凝土，其所用碎石或卵石中泥块含量不应大于0.5%。

(5) 压碎值指标。

碎石的强度可用岩石的抗压强度和压碎值指标表示。岩石的抗压强度是直接检测加工后的岩石立方体抗压强度，该法只适用于碎石，一般由碎石生产厂家检测。压碎值指标属于间接判定方法，是将粒级为10～20mm的碎石装入压碎值指标测定仪，在160～300s内均匀加压至200kN，卸载后用2.5mm的筛余质量除以试样质量。该法适用于碎石和卵石，用于使用单位对粗骨料质量进行控制。

应用于不同强度等级混凝土时碎石的压碎值指标应符合表2-21中的规定。

表2-21 碎石的压碎值

岩石品种	混凝土强度等级	碎石压碎值指标（%）
沉积岩	C40～C60	≤10
	≤C35	≤16
变质岩或深成的火成岩	C40～C60	≤12
	≤C35	≤20
喷出的火成岩	C40～C60	≤13
	≤C35	≤30

注：沉积岩包括石灰岩、砂岩等；变质岩包括片麻岩、石英岩等；深成的火成岩包括花岗岩、正长岩、闪长岩和橄榄岩等；喷出的火成岩包括玄武岩和辉绿岩等。

卵石的强度可用压碎值指标表示。应用于不同强度等级混凝土时卵石压碎值指标应符合表2-22中的规定。

表2-22 卵石的压碎值

混凝土强度等级	C40～C60	≤C35
卵石压碎值指标（%）	≤12	≤16

89. 减水剂的主要技术性能指标有哪些

减水剂性能指标有受检混凝土性能指标和匀质性指标两大类。

(1) 减水剂受检混凝土性能指标。

减水剂受检混凝土性能包括减水率、泌水率比、含气量、凝结时间差、坍落度和含气量的1h经时变化量、抗压强度比（1天、3天、7天、28天）和收缩率比等，其中最常用的指标就是减水率以及坍落度1h经时变化量，应符合表2-23中的要求。

表2-23 减水剂与受检混凝土性能指标

项目	外加剂品种										
	高性能减水剂			高效减水剂		普通减水剂			引气减水剂	泵送剂	早强剂	缓凝剂	引气剂
	早强型	标准型	缓凝型	标准型	缓凝型	早强型	标准型	缓凝型					
减水率（%）	≥25	≥25	≥25	≥14	≥14	≥8	≥8	≥8	≥10	≥12	—	—	≥6
坍落度1h经时变化量（mm）	—	≤80	≤60	—	—	—	—	—	—	≤80			

受检混凝土性能指标是在标准规定试验条件下（特定的原材料和配合比），以受检混凝土（掺减水剂混凝土）和基准混凝土（未掺减水剂混凝土）性能的比值或差值表示，是用来评定不同外加剂质量的标准。但在实际生产过程中，由于生产条件与标准规定试验条件差异较大，按标准方法检测出来的指标并不能用来直接指导生产。比如，减水剂的掺量及减水率在标准检测结果中是一个固定值；但在实际生产时，减水剂的掺量及减水率要随着原材料质量波动以及配合比的不同，甚至环境温湿度的改变而变化，并非定值。因此，受检混凝土性能指标并不能用来指导生产，只能用来仲裁外加剂质量。

（2）匀质性指标。

匀质性指标包括氯离子含量、总碱量、含固量、含水率、密度、细度、pH值、硫酸钠含量等，其中最常用的匀质性指标是密度和含固量，其指标值应符合表2-24中的要求。

表2-24 减水剂的匀质性指标

项目	指标	备注
密度（g/cm³）	当 $D>1.1$ 时，应控制在 $D\pm0.03$； 当 $D\leqslant1.1$ 时，应控制在 $D\pm0.02$	S 和 D 分别为密度和固含量的生产厂控制值
含固量（%）	当 $S>25\%$ 时，应控制在 $0.95\sim1.05S$； 当 $S\leqslant25\%$ 时，应控制在 $0.90\sim1.10S$	

匀质性指标是指外加剂本身的性能，是外加剂产品呈均匀、同一状态的性能，也是用来判定或控制外加剂产品质量稳定性的指标。对于已经通过试配验证过的外加剂，在进场使用过程中只要能确保匀质性能稳定，其混凝土性能质量通常就是稳定的，因此在使用过程中用匀质性指标控制外加剂质量更方便、快捷。

90. 减水剂主要技术性能指标的术语定义有哪些

（1）减水率。

减水率是坍落度基本相同时，基准混凝土和受检混凝土单位用水量之差与基准混凝土单位用水量的比，是用来区分普通减水剂、高效减水剂和高性能减水剂的最主要指标。

（2）坍落度1h经时变化量。

混凝土坍落度随着时间的延长会逐渐损失、减小。坍落度1h经时变化量是指受检混凝土的初始坍落度与静置1h后坍落度的差值。

（3）含固量。

液体外加剂实质上由粉体外加剂溶于水而成，其有效成分只是固体部分，含固量就是固体部分的含量。

91. 什么是水泥与减水剂相容性

影响混凝土坍落度经时损失的因素非常多，其中一个主要因素就是水泥与减水剂不相容（也叫不适应）。水泥与减水剂相容性是指使用相同减水剂或水泥时，由减水剂或水泥的质量引起的水泥浆体流动性、经时损失的变化程度，以及获得相同的流动性时减水剂用量的变化程度。也就是说，不同水泥对应同一减水剂用量时，其水泥浆体流动性、经时损失的变化程度是不同的。同样，不同减水剂对应同一水泥时，在同一用量情况下，其水泥浆体流动性、经时损失的变化程度也是不同的；或者说，当水泥浆体流动性、经时损失的变化程度相同时，减水剂用量不同。通过检测水泥净浆流动度的变化来反映水泥与减水剂的相容性的方法称为水泥净浆流动度法。

影响水泥与减水剂相容性的因素十分复杂，其中常见的水泥因素有矿物组成、细度、石膏加入量及形态、混合材种类及掺量、助磨剂、出厂时间等；减水剂因素有分子结构、化学组分、离子种类、分子量等，还包括减水剂中缓凝组分的品种和用量以及保坍组分的品种和用量等。

92. 什么是减水剂饱和掺量点

减水剂饱和掺量点也叫饱和点掺量，是指水泥净浆流动度不再随着减水剂掺量的增加而明显增加时所对应的减水剂掺量。净浆流动度越大，说明减水率越好。其中，饱和点掺量低，净浆流动度大，且流动度经时损失小的减水剂与水泥的相容性最好。

2.2.2 混凝土知识

93. 如何将理论配合比调整为生产配合比

理论配合比（实验室配合比）中的砂、石用量是全干或气干状态下的质量，在生产之前需要根据砂、石实测含水率对理论配合比（实验室配合比）进行计算调整，以表2-25为例加以说明。

表 2-25 实验室理论配合比和生产配合比的换算关系

原材料名称	水泥	掺合料	砂	石	外加剂	水
理论配合比用量（kg/m^3）	275	65	770	1100	7.0	173
砂、石含水率（%）	0	0	5.2	0	—	—
生产配合比用量（kg/m^3）	275	65	810	1100	7.0	133

假设砂含水率为5.2%，则生产配合比中砂引入的用水量为$770×5.2\%=40$（kg/m^3），那么相应生产配合比中的砂用量调整为$770+40=810$（kg/m^3），用水量则需要调整为$173-40=133$（kg/m^3）。

94. 用水量对混凝土性能有哪些影响

水是混凝土的必要组分之一，适量的水是保证混凝土施工性能、完成水化反应、实现预期性能的必需条件。当水泥、外加剂用量不变时，用水量过少会使混凝土拌和物干涩，坍落度减小，和易性变差，施工振捣困难，成型后容易产生蜂窝麻面，不但影响美观，还影响混凝土的强度和耐久性；用水量过多，容易造成混凝土拌和物离析、泌水、扒底等和易性不佳的现象，不符合施工要求，更重要的是造成混凝土密实度降低、强度下降。

因此，在搅拌过程中应严格按照砂、石含水率调整用水量，严禁为了提高混凝土坍落度而随意增加用水量，或调整含水率低于实际含水率而变相增加用水量。在混凝土生产前以及交付过程中严禁加水，如《预拌混凝土》（GB/T 14902—2012）规定，搅拌运输车在装料前应将搅拌罐内积水排尽,装料后严禁向搅拌罐内的混凝土拌和物中加水。《混凝土结构通用规范》(GB 55008—2021)规定,混凝土运输、输送、浇筑过程中严禁加水。

2.2.3 混凝土制备

95. 混凝土的搅拌理论有哪几个方面

混凝土均采用机械搅拌,常用的搅拌机械对混凝土搅拌均匀的机理主要包括重力搅拌机理、剪切搅拌机理和对流搅拌机理。

(1) 重力搅拌机理。

物料刚投入搅拌机中时,其相互之间的接触面最小,随着搅拌筒或搅拌叶片的旋转(视搅拌机类型而异),物料被提升到一定的高度,然后物料在重力的作用下自由下落,从而达到相互混合的目的,这种机理称为重力搅拌机理。

物料的运动轨迹,既有上部物料颗粒克服与搅拌筒的黏结力做抛物线自由下落的轨迹,也有下部物料表面颗粒克服与物料的黏结力做直线滑动和螺旋线滚动的轨迹。由于下落的时间、落点的远近以及滚动的距离各不相同,物料之间产生相互穿插、翻拌等作用,从而达到均匀搅拌的目的。

(2) 剪切搅拌机理。

在外力作用下,使物料做无滚动的相对位移而达到均匀搅拌的机理,称为剪切搅拌机理。物料被搅拌叶片带动,强制式地做环向、径向、竖向等运动,以增加剪切位移,直至拌和物被搅拌均匀。

(3) 对流搅拌机理。

在外力的作用下,使物料产生以对流作用为主的搅拌机理,称为对流搅拌机理。在筒壁内侧无直立板的圆筒形搅拌筒内,由于颗粒运动的速度和轨迹不同,物料发生混合作用,此时接近搅拌叶片的物料被混合得最充分,但筒底则易形成死角。为了避免筒底死角的形成,可在筒壁内侧设置直立挡板,这样不但可以形成竖向对流,而且在两个相邻直立挡板间的扇形区域内沿筒底平面还可形成局部环向对流。

96. 如何定义混凝土拌和物的匀质性

混凝土拌和物的匀质性是指混凝土拌和物中各组分材料在宏观上和微观上的均匀程度,主要是指拌和物中各组分在空间分布上的均匀程度,分布均匀程度越高说明混凝土的均匀性越好。当混凝土材料组成及掺量相同时,匀质性差的混凝土,其拌和物性能、力学性能及耐久性能等均会降低。

97. 影响混凝土搅拌匀质性的因素有哪些

(1) 材料因素。

通常,液相材料的黏度、密度及表面张力是影响搅拌匀质性的主要因素。黏度和密度较大的液相材料,搅拌均匀所需要的时间较长或搅拌机所需要的动力较大。表面张力大的液相材料难以被搅拌均匀,一般需要采用表面活性剂来降低液相材料的表面张力。

固体材料的密度、粒度、形状、含水率等是影响搅拌匀质性的主要因素。密度差小、粒径小、级配良好、针片状含量小、含水率低且接近的固体材料更容易被搅拌均匀。

混凝土是液体材料与固体材料的混合物,当水泥浆体黏度低且内聚力好、骨料粒形和级配合理、配合比合理时,混凝土容易搅拌均匀。通常在混凝土中掺入矿物掺合料和减水剂来提高搅拌质量,从而达到均匀搅拌的目的。

(2) 设备因素。

当原材料和配合比不变时,搅拌机的类型及转速等对混凝土搅拌匀质性有重要的影响。

(3) 工艺因素。

在原材料、配合比、搅拌设备不变时,良好的工艺因素能提高搅拌匀质性或缩短搅拌时间。这些工艺因素主要包括搅拌机搅拌量、投料顺序等。

98. 特种混凝土原材料搅拌方式有何不同

(1) 轻骨料混凝土。

轻骨料混凝土最大的特点是轻骨料吸水率较大,轻骨料在使用前通常需要提前预湿。拌制轻骨料混凝土前,预湿的轻骨料宜充分沥水。对于吸水率不大于5%的轻骨料,或气温低于5℃时,可不进行预湿。另外,轻骨料混凝土总用水量为净用水量和轻骨料吸水量的总和,其中净用水量指不包括轻骨料吸水量的用水量。当采用预湿轻骨料时,净用水量就是总用水量。

当采用预湿的轻骨料时,宜先加入骨料和胶凝材料预先搅拌,之后加入外加剂和净用水进行搅拌,搅拌时间不宜少于60s。

当采用未预湿的轻骨料时,宜先加入骨料、矿物掺合料和1/2总用水预先搅拌,之后加入水泥、外加剂和剩余的水进行搅拌,搅拌时间不宜少于120s。

(2) 纤维混凝土。

应配备纤维专用计量设备和投料设备,也可以采取定量包装人工投放。宜先将纤维和粗、细骨料投入搅拌机干拌30~60s,然后再加入水泥、矿物掺合料、水和外加剂搅拌90~120s。

(3) 补偿收缩混凝土。

宜配备粉料筒仓贮存膨胀剂自动计量,也可以采取定量包装人工投放。把膨胀剂当作胶凝材料进行投料,宜采用二次投料法,使膨胀剂更加均匀地分散到混凝土内部。

(4) 高强混凝土。

清洁过的搅拌机搅拌第一盘高强混凝土时,宜分别增加10%水泥用量、10%砂用量和适量外加剂,相应调整用水量,保持水胶比不变,补偿搅拌机容器挂浆造成的混凝土拌和物中的砂浆损失;未清理过的搅拌高水胶比混凝土的搅拌机用来搅拌高强混凝土时,该盘混凝土宜增加适量水泥和外加剂,且水胶比不应增大。

C60~C80高强混凝土的搅拌时间宜为60~80s;不低于C85超高强混凝土的搅拌时间宜为90~120s。

当高强混凝土掺用纤维、粉状外加剂时,搅拌时间宜延长不少于30s;也可先将纤维、粉状外加剂和其他干料投入搅拌机干拌不少于30s,然后再加水按常规搅拌时间进行搅拌。

99. 搅拌时间对混凝土性能有哪些影响

混凝土搅拌时间是影响混凝土质量及搅拌机生产效率的一个重要因素。搅拌时间过短，混凝土搅拌不均匀，影响混凝土的强度及和易性；搅拌时间过长，不能使混凝土的匀质性有显著增加，反而会使混凝土的和易性降低或产生分层离析现象，同时影响混凝土搅拌机的台时产量。严禁为了提高台时产量而随意缩短搅拌时间。

100. 生产时间对台时产量的影响是什么

最大台时产量可以反映预拌混凝土企业的生产效率、设备运行及维护能力以及生产保供能力，对于搅拌站而言是非常重要的参数。要想提高台时产量，就必须缩短每盘混凝土的生产时间（从原材料开始计量到混凝土卸料完成的总时长），有效措施通过优化工艺流程和设备运行参数，缩短原材料的配料时间、输送时间、投料时间和混凝土卸料时间，以及搅拌车装料进出站的衔接时间。特别是原材料和混凝土的流动性，将影响原材料配料时间和混凝土卸料时间。

101. 如何在卸料过程中预判混凝土坍落度

每盘混凝土卸料过程中，操作员要直接目测或通过视频监控目测混凝土流淌状态，预判坍落度大致范围。一般说来，混凝土直往下流淌，卸料口胶皮边缘滴浆，坍落度在150～210mm，能满足泵送要求；胶皮边缘浆流成线，坍落度在220mm以上，通常偏大；胶皮边缘浆成片状，看到混凝土呈渣状，流淌速度较慢，坍落度在100～150mm，通常偏小。必要时可以观察完后，通知质检员取样检测实际坍落度。这项技能的培养需要操作员具有强烈的责任心，以及长时间的经验积累。有的预拌混凝土公司在搅拌机卸料口配备了混凝土检测平台，可以方便质检员随时取样抽检、目测或实测混凝土拌和物的和易性，非常简便、高效。

102. 如何对搅拌系统控制参数进行调整

（1）配料仓设置：提前设定各配料仓的名称、规格以及每一个配料仓对应原材料的误差符合标准要求；"原材料名称""品种规格"确定后只有在更换材料的时候才可更改，使用阶段要确保与实际使用原材料对应。

（2）砂、石含水率：对配料处砂、石的含水进行检测，结果输入系统内，计算生产过程是否扣水增加相应的骨料。

（3）误差补偿设置：误差补偿是指下一盘对上一盘计量误差进行补偿，如果设置为100％，则上一盘所产生的误差都在下一盘里予以补偿，这样就会把一车混凝土的累计误差，缩减成最后一盘混凝土的配料误差，有利于控制一车的混凝土质量。

（4）配料顺序：一般控制骨料的配料顺序，所有骨料均采用皮带输送或斗提输送，合理调整配料时间既满足物料不间断输送又满足物料不叠加输送为最佳。

（5）投料顺序：骨料、粉料、液料配好之后在同一时间全部投入搅拌机内，不仅对搅拌机损伤较大，而且不利于混凝土的充分搅拌，建议采用二次投料法进行设定。

（6）搅拌时间：不同原材料、不同配合比、不同混凝土性能下宜采用不同的搅拌时间，生产特种混凝土应适当延长搅拌时间，搅拌时间可结合搅拌机稳定电流来确定。

（7）配料冲量调整：配料冲量也称落差或者提前量，指配料仓门关闭之后尚未进入电子秤中的物料的质量，是非常重要的一个参数，会直接影响计量误差，必须根据实际情况进行设置和调整。配料冲量值和误差值成反比关系，当误差值为正值时，说明配料冲量太小，需要增大；误差值为负值时，说明配料冲量太大，需要减小。

（8）零点校准：零点基准是电子秤的逻辑零位，电子秤的读数小于该基准时，系统就认为电子秤是空秤，或者认为电子秤里的料已经放空可以直接生产配料。生产前应检查各电子秤物料为空时调为零点，此处需注意应根据系统说明书，不要误操作调整电子秤换算系数。

（9）卸料时间：根据设备使用情况及厂家说明调整卸料时间，卸料时间是指从搅拌机向外排料的时间，可以根据设备的支持情况分别选择"小开""中开""全开"的时间，也可以只选择"全开"时间。

不同搅拌设备生产厂家的工控系统略有差异，操作员必须要学习所用工控系统的使用说明书，熟练掌握基本的操作要求和维护知识。

2.2.4 生产设备维保

103. 说明搅拌机轴端密封、润滑系统与气路系统的构造

（1）密封、润滑系统。

密封、润滑系统由轴承支承座及轴承、保护圈 A/B、润滑油路、风压装置组成，对搅拌轴起支承、定位作用。同时，润滑油路和风压保护装置对支承座、搅拌轴轴头部位起润滑、冷却和密封作用，以确保泥浆不侵蚀轴承支承座、搅拌轴部位。

① 轴承支承座及轴承：它固定在搅拌缸体上，用来定位、支承和传动搅拌轴，在其相关密封部位需加注润滑油，以供轴承支承座和轴承润滑、散热、密封，防止泥浆侵蚀，保护搅拌轴。

a. 轴承支承座由支承座外壳、油封件、锁轴器、研合密封圈、黄胶架、黄胶圈组成。

b. 轴承采用进口调心轴承，主要对搅拌轴支承、定位，以便更好地传动。

② 保护圈 A/B：由耐磨的锻造钢制成，安装在搅拌缸和搅拌轴上，防止泥浆侵蚀，更好地保护支承座和轴头部位。

③ 润滑油路：由润滑油泵、分流阀、油嘴及连接油管组成，润滑系统与搅拌机同步同时运行，所以当双卧轴搅拌机开始工作时，油泵电机必须处于开启状态，这样才能使搅拌机四个轴头内的密封黄胶、锁轴器得到连续不断的润滑，而处于外边的研合密封圈润滑则依赖加注到密封气腔内的油来完成。

④ 风压装置：在轴头处增加有一定压力的空气，从而使轴头周围相对缸体内形成正压，形成压差式气体保护环，阻隔混凝土泥浆侵入轴头，确保搅拌机运转稳定可靠。

（2）气路系统。

图 2-7 为气路系统原理图，气路系统包括空压机、气管及附件、储气罐、集装电磁阀、气缸、节点压力表、气源三联件、过滤减压阀等，主要用来控制各料门、气动蝶阀的开启和关闭，从而控制各种物料的投料顺序。气路系统可分为三部分：粉料罐、主楼和配料站。每部分都由集装电磁阀控制。集装电磁阀安装在全封闭的箱子里，可阻止粉

尘进入电磁阀。集装电磁阀的使用大大提高了气路系统的稳定性和美观性。

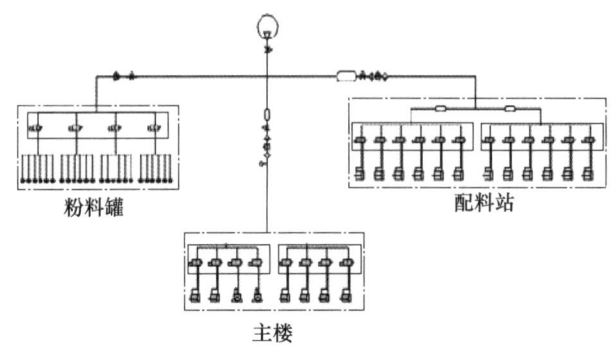

图 2-7　气路系统原理图

① 粉料罐：从压缩机来的压缩空气经过过滤减压阀、集装电磁阀后再到助流气垫。每个粉料罐装有六个助流气垫，由集装电磁阀单独控制。过滤减压阀由空气过滤器和减压阀组合而成，起到过滤空气和调整压力的作用。

② 主楼：主楼内的气动元件由两个集装电磁阀控制。一个控制外加剂计量斗蝶阀、水计量斗碟阀、待料斗阀门气缸。另一个控制粉煤灰计量斗蝶阀、粉煤灰计量斗球形振动器、水泥计量斗蝶阀、水泥计量斗球形振动器。从压缩机来的压缩空气经过气源三联件、储气罐、集装电磁阀后进入各执行元件。气源三联件由空气过滤器、减压阀、油雾器组合而成，过滤器可除去压缩空气中的尘土、污垢、锈及凝结的液体物质；减压阀可将出口压力调至所设定的工作压力，并使工作压力趋于平稳，当工作压力高于调定压力时，溢流排气可使系统压力重新趋于稳定；油雾器将润滑油雾化，进入气动系统，使控制元件和执行元件得以润滑。气源三联件中的水杯需定期人工放水，因为水杯中的冷凝水只有在系统压力低于 19.6N 时才会自动排出。在主楼内还安装有一个 25L 的小储气罐，以增加气路系统的稳定性。

③ 配料站：配料站内的气动元件由两个集装电磁阀控制。每个集装电磁阀控制六个气缸。配料站共有四至六个独立的料仓，每个料仓由三个气缸控制料门（精称量门、粗称门、骨料称门）的开启。从压缩机来的压缩空气经过储气罐、气源三联件后进入气缸。储气罐的容积一般为 500L，安装在配料站附近。

空压机为气路系统的核心部分，分为活塞空压机和螺杆空压机，基于环保要求及职业健康方面的考虑，目前搅拌站多数采用螺杆空压机。

104. 气路系统气水分离器的构造、原理及作用是什么

气水分离器主要用在搅拌楼的各个气动元件上，如各料斗下面弧门气顶装置的前端进气管以及风送水泥、粉煤灰等对空气的干燥度要求较高的用气部位，设置气水分离器的主要目的是为每种用气部件提供含水量较低的干燥空气，以保证用气元件、部位的用气质量。此外，气水分离器还能除去空气中所含的粉尘等杂质，由于体积较小，在搅拌楼中，一般是一种气动元件配一套气水分离器。

气水分离器的基本组成部件如下：在气水分离器上端左右各设有一个进气口和出气口，构成上端盖。利用螺纹与过滤器的外壳相连接。上端盖所用材料可以是铸钢或铸

铁,外壳所用材料可以是青钢烧铸品,也可以用聚碳酸酯制成。由聚碳酸酯制成的外壳筒体是一种透明的筒体,可以很直观地看到筒内的积水情况,利于手工排水。

在上端盖进出气口下部是通气板,在通气板内还设有空气滤芯,在空气滤芯上有微孔可使气体通过。在空气滤芯下部设有挡板,在挡板下部是一个浮筒,起到自动排水的作用;浮筒侧面设有隔板,在过滤器的外壳下部还设有排水阀,具体部件如图2-8所示。

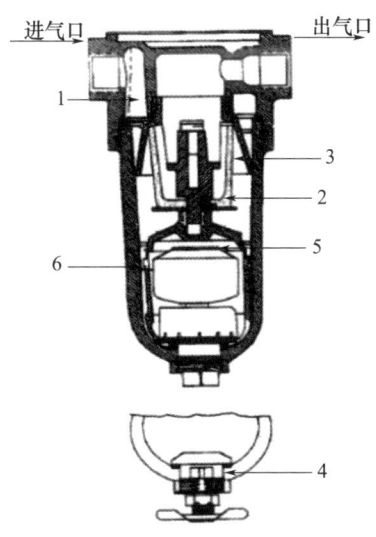

图 2-8 气水分离器的基本组成

1—通气板；2—挡板；3—空气滤芯；4—排水阀；5—浮筒；6—隔板

气水分离器工作原理:有压气体通过进气口流过通气板,在压力的作用下,空气被强迫压进旋转活动模槽内。这时,在模槽形状的作用下,空气发生高速旋转,在旋转的空气中,比重较大的物体如水分子及其他一些杂质,在离心力的作用下被抛到外壳的内筒壁上。附着在筒壁上的液体及微粒在筒壁阻力及重力的作用下,进入外壳筒的底部。在空气滤芯下部还设计了一个挡板,该挡板的作用是使外壳筒的下部气液保持在一种静止的状态,以防止上部旋转空气的扰动将已经沉积下来的液体及杂质颗粒重新带回到气流中去。

空气滤芯是一种特制的带有微孔的筒形隔板,其作用是利用空气滤芯上的微孔将旋转时未能完全清除的含有固体颗粒的有压气体进行再过滤,以便除掉极少数的残留固体杂质。这样过滤之后的气体便是一种符合要求的干燥空气。利用上端盖上的出气口将处理好的有压气体直接送到用气设备上。

在外壳筒下部设有排水阀,该排水阀有手工排水装置和自动排水装置两种,无论采用哪种装置都能利用外壳筒内的有压气体将沉积在筒下部的液体杂质有效地排出。

手工排水装置通过人工将排水阀顶起把液体排出,待液体排完后需将排水阀关闭。

自动排水装置是利用液体在外壳筒中积累到一定高度后,将筒内设计的浮筒浮起后将排水阀打开,利用有压空气将液体排出,该浮筒下部与排水阀相连,当液体的高度下降时浮筒也随之下降,于是将排水阀关闭。

手工排水装置为自动排水装置的备用装置,一般情况下使用自动排水装置,当自动排水装置出现故障且不能及时修复时，可使用手工排水装置。在浮筒旁还设有隔板，其目的是保护除水器免受没有被排掉的较大粉尘的危害。

105. 如何对计量系统进行自校

（1）调校前电子秤和仪表须先通电预热 30min。

（2）准备好标准砝码，同时确保电子秤承载器具处于水平、自由状态。

（3）登录进入电子秤控制系统，选择电子秤调校，输入密码进入调校操作界面。

（4）选择需要调校的电子秤，确定调校方式，关闭零位跟踪功能。

（5）首先进行零位调校。进入零位调校界面，确定电子秤处于空载状态，待数字信号显示稳定后按下确定键进行零位调校。

（6）进入分度调校界面。将50％量程的砝码加载到电子秤上，查看显示值与砝码值是否相符，若不相符，则修改显示值然后确定。

（7）进行线性检测，增加一定量的砝码两到三次，同时查看显示值是否呈线性增加，然后减少砝码两到三次，同时查看显示值是否呈线性减少。

（8）在电子秤上加载砝码时，应将砝码均匀放置，摆放位置尽量与传感器受力重心相吻合。实际校秤时，因电子秤承载器具和环境的限制，可以适量减少砝码加载量。

（9）线性检测不合格的电子秤，必须检查传感器，必要时更换传感器。

（10）校验完成后，开启电子秤零位跟踪功能。退出电子秤控制系统。

（11）计量系统定期校验，外加剂、掺合水和粉料秤允许误差1％，骨料秤允许误差2％。

每年定期报质监局进行计量系统年检并领取检定证书。

106. 如何调整输送机的上料速度

混凝土配料机将多种骨料卸到皮带上的顺序和时间间隔都是可调整的。一般卸料顺序为粗骨料和细骨料交替卸料，卸料时间间隔要求为前一种骨料落在皮带上的尾部刚好与后一种骨料落到皮带上的头部重合。如时间间隔过短，则前一种骨料与后一种骨料有重叠堆料，堆料过多会造成撒料，如时间间隔过大，则两种骨料中间有空位，前一种骨料如果是粗骨料，则会在皮带上打滚而撒落下来，另外也影响生产效率。

（1）调整好骨料的卸料顺序，先卸粗骨料，再卸细骨料。

（2）根据皮带上骨料的分布情况调整各种骨料的卸料时间间隔，使皮带上物料连续、均匀分布。时间间隔一般需多次调整。

107. 计量系统报警如何处置

（1）配料超欠称。

粉料：在每罐次的称量过程中，如果配料实际称量值超过其配比值的一定比例，流程图中的实际称量值框底色变色，相应的处理办法是：暂停配料，通知相关人员来回开关水泥蝶阀，如果是小的杂质卡在蝶阀边上就会很快解决，若没有改善则应修理或更换水泥蝶阀。（整个生产处于暂停状态，处理完后，取消暂停，生产继续进行。）

骨料：如果在称量过程中，骨料仓门因有石料卡住、粘料挂壁或机械原因（如电磁阀损坏、气压不足等）未关好，造成骨料计量不足或过多，相应的处理办法是：暂停配料,通知相关人员进行处理。(整个生产处于暂停状态,处理完后,取消暂停,生产继续进行。)

(2) 料斗已经到位而系统却总是报警说限位故障。

检查限位开关是否工作到位,如果没有,进行相应调整;如果限位开关已经损坏,需要更换;如果限位开关正常,还需要检查输入中间继电器工作是否正常,连接线是否正常等。

(3) 粉料称重异常。

称水泥、粉煤灰或矿粉时螺旋输送机停止,但发现仪表值还在慢慢上升,一种情况是上升到一定的量就停止,另一种情况是一直慢慢上升。

这种现象一般是使用压缩空气破拱方面的问题。

第一种情况是破拱压力过大,停止称量后,粉料仓底部还有一定的空气压力,会慢慢把粉料顶出来。处理方法是把破拱压力调到 0.2MPa 左右。

第二种情况一般是破拱电磁阀漏气,一直有高压气进入水泥仓。处理方法是修理或更换破拱电磁阀。

108. 搅拌系统卸料门运行不畅报警应如何处理

(1) 更换同型号的接近开关。液压单元:液压站内缺少液压油,补充液压油,并调整好压力;检查卸料门周围有无积料,若有应及时清理。

(2) 及时调节传动皮带张紧力;及时调整搅拌刀间隙,必要时更换搅拌刀。

(3) 及时检查保护罩有无松动,轴承有无问题;检查有无润滑油跟进,保护圈A/B有无摩擦。

109. 搅拌机闷机跳闸的原因及处理方法是什么

故障现象在投料搅拌过程中,搅拌机因电流过大出现闷机跳闸。

(1) 原因分析。

① 投料过多,引起搅拌机负荷过大。

② 搅拌系统叶片与衬板之间的间隙过大,搅拌过程中增大了阻力。

③ 三角传动皮带太松,使传动系统效率低。

④ 搅拌主机上盖安全检修开关被振松,引起停机。

(2) 处理方法。

① 检查配料系统是否超标和是否有二次投料现象。

② 检查搅拌机叶片与衬板之间的间隙是否在 3~8mm。

③ 检查传动系统三角皮带的松紧程度并调整。

④ 检查搅拌主机上盖安全限位开关是否松动。

110. 搅拌机与计量料斗卸料门卡死的可能原因及处理方法是什么

(1) 卸料门卡死的可能原因。

① 卸料门与密封板之间有异物或积料。

② 气路系统压力不足,气缸内泄漏或油雾器损坏。

③ 电磁阀与继电器之间的接线脱落、虚接或继电器损坏。

④ 电磁阀线圈烧损或阀芯卡滞。
⑤ 时间继电器损坏，造成 PLC 无正常输入信号。
（2）处理方法。
① 若卸料门与密封板之间有异物或积料，应清理异物、积料并冲洗卸料门。
② 若气路系统压力不足、气缸内泄漏或油雾器损坏，应检查油雾器、接头、气缸等部位是否损坏。
③ 若电磁阀与继电器之间的接线脱落、虚接或继电器损坏，应检查继电器触点输出及接线，必要时更换。
④ 若电磁阀线圈烧损或阀芯卡滞，应更换电磁阀。
⑤ 若时间继电器损坏，则应更换。

111. 搅拌机卸料门漏浆的原因及处理方法是什么

（1）原因分析。
① 卸料门封闭不严密。
② 卸料门周围残存的黏结物料过厚。
（2）处理方法。
① 调整卸料底板下方的螺栓或更换损坏的卸料门门沿、盖瓦及弧形衬板，使卸料门封闭严密。
② 清除残存的黏结物料。

112. 水、外加剂供给系统故障应如何处理

（1）泵不出水或外加剂。
如果泵内液体没有装满，空气在泵腔内流动，很容易造成泵体堵塞和底阀无法打开的问题，严重时导致泵不出水或外加剂。
处理方法：在泵内注满水，保证泵内没有空气，之后对底阀进行仔细检查，除去堵塞物。

（2）泵流量减少。
出现这种问题主要是因为阀门开度不够或泵内叶片轮部分缠绕物较多，造成电机转速偏低，密封圈过度磨损。
处理方法：管道内和叶轮片上除去堵塞物，适当调整阀门开关，提高泵的转速，及时更换磨损过度的密封圈。

（3）泵漏水或漏外加剂。
密封圈出现过度磨损时，泵体会出现破裂或砂孔，另外，在安装过程中出现问题或安装的螺丝松动都会引起这样的问题。
处理方法：及时更换密封圈，在安装过程中注意细节问题，尤其是螺丝松动问题。

113. 搅拌站减速机漏油的原因是什么

（1）减速机的内部与外部产生的压力差导致漏油。由于减速机是封闭的，里面的每一对齿轮相互啮合会发生摩擦产生热量，随着运转时间的加长，减速机箱内体积不变而温度升高，因此箱内压力增加导致箱体内润滑油飞溅，洒在减速机内壁，在压力差的作

用下从缝隙漏出。

（2）减速机本身的结构设计不合理或质量存在问题：主要体现在减速机在制造的过程中，铸件没有进行退火或时效处理，导致铸件的内应力并未消除，容易变形产生间隙，从而造成漏油现象。另外，工艺加工精度不良也是引起漏油的原因之一，若减速机箱体内部件加工精度不高，装配不符合要求，则很有可能导致漏油现象。

（3）加注油量过多也会导致漏油问题。在减速机运转时，润滑油在机内随着机械运转，会到处飞溅，如果之前加入的润滑油油量过多，则会使大量的润滑油积聚在轴封、结合面等处，以致漏油。

（4）此外，还有可能是安装过程不够仔细，没有达到安装精度的标准要求，时间久了减速机底座螺栓松动，加剧减速机振动，造成密封圈磨损，润滑油流出。

（5）还有一种可能原因是所使用的油品问题，可能用错型号或者类型。最好根据温度、转速、说明书要求等来判断应该使用哪种润滑油，而不是一味追求润滑油黏度。

114. 带式输送机运行的注意事项有哪些

（1）输送速度要适中，太慢影响混凝土的生产效率；太快则影响混凝土的搅拌质量，所以输送速度要能同时满足生产效率和搅拌质量的需求。

（2）带式输送机需要装上防护罩和维修平台，并带有安全防护栏。

（3）带式输送机在输送的时候额定输送量要大于实际需求量。

（4）要有重载启动能力，没有停电自锁能力的设备要有可靠的防逆装置，并设张紧装置和带面清扫装置。

（5）当带式输送机运行时托辊运转要灵活，并有良好的对中性，能保证在满载运行时能有效地输送物料而不溢出，在受料点不应该有堆积过多的物料。

115. 带式输送机运转及日常维护与安全操作涉及哪些方面

（1）运转及日常维护。

① 输送机每天开机前巡视各部件，看是否有损坏或需要调整的地方，发现问题及时处理，并按规定在需润滑处加注润滑脂。

② 输送机在运转中出现输送带严重跑偏问题时，等物料输送完毕后，应停机纠正。

③ 运转中传动滚筒与输送带之间出现明显滑动时，需增加张紧配重。

④ 输送机架体底部及尾滚筒地坑处洒出的砂、石料要定时清理，以免影响输送机正常工作，滚筒上黏结的砂粒也要定时清理。

⑤ 输送带出现大面积脱胶时，要及时胶接修补，否则可能导致破损面迅速扩大。

（2）安全操作注意事项。

① 人员要避免站在输送机下面，特别是重锤张紧器下面，以免坠物伤人。

② 在靠近输送机转动部件时，应特别小心，防止被机械轧伤或被卷入输送机。

③ 出现紧急情况，危及人身及设备安全时，要迅速按下紧急停机开关或拉线开关，直至安全隐患被消除。

④ 停机检修，要切断电源并按下紧急停机开关，拔下紧急停机开关钥匙，由检修人员亲自保管，以防止误启动，危及人身安全。

⑤ 应避免负载启动，因故中途停机，要将皮带机上砂、石人工清理干净，再启动机器。

116. 袋式除尘器的构造及基本原理是什么

袋式除尘器主要由支架、灰斗、箱体三组构件组成，其工作原理是通过管道连接吸尘罩或烟尘出口，将粉尘或烟尘在引风机的作用下送进位于除尘器灰斗上的除尘器进口中，一些较大的粉尘在重力作用下直接落入灰斗，细小粉尘被除尘布袋过滤阻留在滤袋表面，过滤后的洁净气体通过位于上箱的出风口通过风机送入管道排入大气中。当滤袋表面的灰尘积累到一定程度，设在除尘器上的脉冲阀在脉冲控制仪的控制下向除尘布袋内反吹入一股强气流，使除尘布袋变形抖动，抖落灰尘，如此周而复始。抖落的粉尘落入灰斗中，再通过灰斗下面的接灰装置或卸料器收集起来集中处理。灰斗下面的接灰装置或卸料器同时担负着卸料和锁风的任务。布袋除尘器收集浓度特别大的粉尘时，前面最好安装旋风除尘器进行一级除尘。袋式除尘器结构原理如图2-9所示。

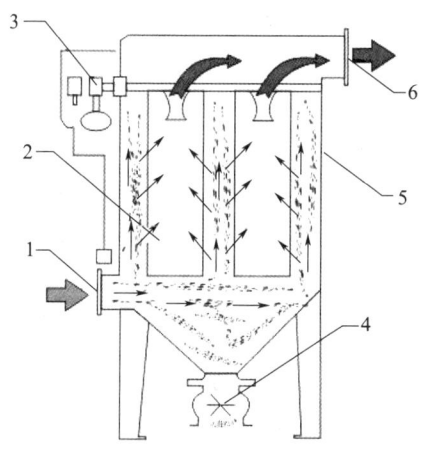

图 2-9　袋式除尘器结构原理
1—进风；2—布袋；3—反吹系统；4—接灰装置；5—除尘器主体；6—出风

117. 哪些因素导致储料斗卸料口拱塞

当料仓内物料水分过高或不易流动时，往往在料斗的出料口附近，容易出现起拱现象，从而严重影响物料的流动，导致仓料无法正常供应。

（1）料仓要求及物料流动。

料仓不仅储放物料，更重要的是，还要具备相关的工艺功能。因此，料仓设计时应满足以下三方面的要求：能储存规定数量的仓料；有足够的强度来承受料仓内物料所产生的压力以及外界自然环境可能施加在料仓上的力；在从料仓卸料时，物料能够顺畅而均衡地从料仓出口流出，且出料速度均匀可控。

物料在料仓中的流动性，是料仓性能的一个重要指标。实际生产中有的料仓不能很好地排料，从而出现结拱现象，引起严重的堵塞，有的形成管斗（也叫鼠洞），使得料仓中大部分料不能排除，大大降低了料仓的储料功能，这种现象的出现很大程度上是因为料仓内物料的流动性差。据目前归类总结，可以把料仓内物体的流动形式分为两种：

整体流动和中心流动。

所谓整体流动是指：卸料时所有物料均向卸料口流动，不存在"死区"，料位均匀下降，卸料流动稳定均匀。理想的料流形态应为整体流动，这样保证了物料以先进先出的顺序均匀卸出，而且具有卸料速率稳定，卸料密度均匀，仓料储存时间基本一致等优点。

中心流动即卸料开始时，只有位于库顶的物料处于运动状态，位于四周的物料向中心滑动、下降，形成中心通道，这样一来，只有中心部位的物料向卸料口流动，在该"流动区"以外的部分为流动"死区"。中心流动的主要特点如下：

① 先进后出的流动顺序。因为仓壁附近的物料可能静止不流动，所以先进仓的物料有可能后出来。

② 产生鼠洞。由于出现漏斗流，如果物料有足够的黏性，仓壁附近的物料就不会流出。

③ 不均衡流动。漏斗流料仓中，四周的物料是靠超过物体本身的休止角而塌落下来的，所以卸料时是不均衡的，此外塌落料的冲击力会进一步压实料仓出料口的物料并使之结拱。

④ 涌流。如果所储存的物料粒度很细，塌下来时会气化，使其流动性能变得和流体一样好，从而由料仓出口涌出。

⑤ 分层。由于漏斗流料仓卸料时是中部和四周的物料不规则地交替流出，料仓加料时形成分层问题。粉体整体流动、中心流动及结拱的示意图如图 2-10 所示。

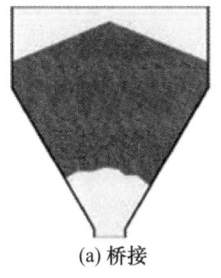 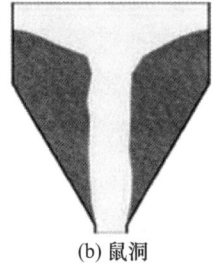 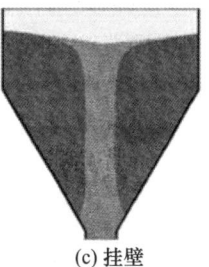

(a) 桥接　　　　　　　(b) 鼠洞　　　　　　　(c) 挂壁

图 2-10　粉体整体流动、中心流动及结拱的示意图

影响物料流动性的因素主要有两点：物料性质和料斗形状。

物料性质是影响料仓流动性的最主要因素，具有下列几个方面：稳定流动时物料与内壁的摩擦系数；物料与仓壁的静摩擦角；压实性，与料仓内储存物料的高度有关；透气性，如果物料颗粒很细，物料透气性变差，物料在仓内形成负压，在料仓出口处形成结拱。

料斗形状的影响主要体现在料斗倾角、料斗大小和料斗形状三方面：料斗的倾角大，料流的速度较快，流动的形态主要是整体流，当料斗的倾角较小时，料仓流出的速度也较慢，尤其是靠近仓壁处速度可能为零，形成中心流动；料斗的出料口越小，料仓的流速也越小，并有可能结拱，料仓下部接近料斗处结拱也会越严重；料斗出口的形状也是影响物料流动性的一个因素，圆形的出口比长方形出口更容易结拱。

(2) 结拱原因及其类型。

影响结拱的因素很多，其主要因素有三点：物料储存时间过长，水分增加导致物料结块；物料与仓壁的黏着作用；料仓结构造型，导致物料无法顺利流通，局部会因为压力过大而结拱。

① 存储时间的影响。

一般情况下存储时间越长，物料的压实性越强，同时由于密封性等原因使得内部湿度增加，导致仓料的流动性变差，也就越容易形成拱。因此，要在一定程度上降低仓料储存的时间，同时料仓储存量要合理，在生产调度中，合理掌握料库储量，并安排料库搭配使用，不致因物料存放时间过长，而造成压缩起拱，使物料无法卸出。

② 物料与仓壁的黏着性影响。

由于物料与仓壁之间存在黏着性，致使物料黏附在料仓内壁，导致结拱。目前有采用超高分子量聚乙烯板作为料仓的衬里，利用其优异的机械性能，降低物料与料仓内表面间的阻力，从而起到一定防结拱的作用。

③ 料仓的结构对物料结拱的影响。

料仓结构主要就是影响物料的流动性和压实性。由于料仓结构不合理而导致结拱的主要原因有：仓壁表面粗糙；仓底侧壁倾角过小；排料口过小等。料仓结拱的类型一般有四种（如图 2-11 所示）：

a. 压缩拱，即粉体因受到压力的作用，使固结强度增加而导致结拱；

b. 楔形拱，颗粒状物相互啮合达到力平衡状态所形成的料拱；

c. 黏结黏附拱，黏结性强的物料在含水、吸潮或静电作用下而增强了物料与仓壁的粘附力形成的料拱；

d. 气压平衡拱，料仓回转卸料器因气密性差，导致空气泻入料仓，当上下气压达到平衡时所形成的料拱。

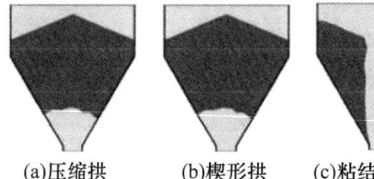

(a)压缩拱　(b)楔形拱　(c)粘结粘附拱　(d)气压平衡拱

图 2-11　料仓结拱的类型

118. 搅拌机主电机不启动应如何处理

(1) 故障现象。

按下操作台上搅拌机启动按钮，搅拌机不启动。

(2) 原因分析。

① 空压机未启动或供气系统压力未达到 0.4MPa。

② 搅拌主机检修保护开关及主机上的带钥匙紧急停机开关未接通。

③ 操作台上的紧急停机开关未复位。

④ 主机电源开关未接通。

⑤ 主机停止信号必须复位。

(3) 处理过程。

① 检查压缩空气检测信号（大于 0.4MPa 的气压信号）是否送到 PLC，即 I8.0 是否有信号。如 I8.0 没信号，则检查空压机压力是否大于 0.4MPa，当压力达到 0.4MPa 以上时，I8.0 还没有信号，则检查电接点压力表调整是否正常或损坏，直到 I8.0 有信号。

② 检查搅拌主机检修保护开关接通信号是否送到 PLC，即 I9.7 是否有信号。

③ 检查操作台上的紧急停机开关是否复位，I0.1 是否有信号。

④ 检查主机电源开关是否接通，I3.4 是否有信号。

⑤ 检查主机停止按钮是否复位，I5.2 是否接通。

119. 在自动生产过程中，配料机骨料称好后不卸料应如何处理

(1) 故障现象。

在自动生产过程中，一种或多种骨料称好在计量斗内，不卸料，系统停止运行。

(2) 原因分析。

① 待料斗关门不到位。

② 称量仪表没有卸料输出信号。

③ 皮带机未启动。

④ 骨料称的精称门未关到位。

⑤ 骨料必须定义卸料顺序。

(3) 处理过程。

① 检查待料斗斗阀门是否卡料或关门不到位，关门到位后，I6.7 有信号。

② 检查骨料称量仪表是否有卸料输出信号，石 1 卸料 I0.4，石 2 卸料 I0.7，砂 1 卸料 I1.5，砂 2 卸料 I1.2。

③ 检查皮带机是否启动。

④ 检查骨料的精称门是否关门到位，石 1 精称关门 I8.2，石 2 精称关门 I8.3，砂 1 精称关门 I8.5，砂 2 精称关门 I8.4。

⑤ 检查计算机界面，骨料卸料顺序是否定义。

120. 斜皮带不启动应如何处理

(1) 故障现象。

搅拌机正常启动后，按下操作台上斜皮带启动按钮，斜皮带不启动。

(2) 原因分析。

① 搅拌机未启动。

② 斜皮带检修停止开关未复位。

③ 斜皮带机电源开关未接通。

④ 斜皮带机停止按钮开关未复位。

⑤ 洗机按钮未复位。

(3) 处理过程。

① 检查斜皮带检修停止开关是否复位，I7.7 接通。

② 检查斜皮带机电源开关是否接通，I7.6 接通。

③ 检查斜皮带机停止按钮开关是否复位，I11.4 接通。

④ 检查洗机按钮是否复位，I5.3 断开。

121. 骨料称量斗不进料应如何处理

(1) 故障现象。

在自动状态下，按下循环启动或单盘启动，一种或几种骨料不称料。

(2) 原因分析。

在自动状态下，骨料称量的过程为 PLC 给仪表称量信号，称重仪表根据配方设定值输出粗称和精称信号给 PLC，PLC 接收到粗称和精称信号后，在骨料称量斗卸料门关闭的情况下，再输出信号给粗称和精称进料门的电磁阀，电磁阀得到信号后，使粗称和精称进料门打开，开始称料。当骨料秤质量达到精称要求时，仪表的粗称信号停止输出，粗称电磁阀断电，粗称门关闭。当骨料秤质量达到落差值时，仪表的精称信号停止输出，精称电磁阀断电，精称门关闭，称量完成。从生产过程中可以看出，影响称量的因素有：称重仪表是否给 PLC 称重信号，PLC 是否给电磁阀信号、电磁阀是否能正常换向等。

(3) 处理过程。

① 检查称量斗卸料门的关门到位情况，石 1 称量斗关门到位信号 I5.5，石 2 称量斗关门到位信号 I5.6，砂 1 称量斗关门到位信号 I6.0，砂 2 称量斗关门到位信号 I5.7。

② 检查仪表输出的称重信号，石 1 粗称信号 I0.5，石 1 精称信号 I0.6，石 2 粗称信号 I1.0，石 2 精称信号 I1.1，砂 1 粗称信号 I1.6，砂 1 精称信号 I1.7，砂 2 粗称信号 I1.3，砂 2 精称信号 I1.4。

③ 检查 PLC 的输出信号，石 1 粗称进料信号 Q0.0，石 1 精称进料信号 Q0.1，石 2 粗称进料信号 Q0.2，石 2 精称进料信号 Q0.3，砂 1 粗称进料信号 Q0.6，砂 1 精称进料信号 Q0.7，砂 2 粗称进料信号 Q0.4，砂 2 精称进料信号 Q0.5。

④ 当有信号输出到电磁阀而不进料时，检查电磁阀线圈是否烧坏或阀芯是否发卡。

122. 粉料进料缓慢应如何处理

(1) 故障现象。

螺旋输送机送料很慢，送料时间超过 2min，而正常送料时间在 20s 以下。

(2) 原因分析。

影响因素主要是粉料罐下料不畅和螺旋输送机损坏等。粉料下料不畅的表现形式有粉料起拱、粉料罐出料口处物料结块、出料蝶阀开度过小、粉料罐内物料不足等。而螺旋输送机损坏主要是螺旋叶片变形，不能正常输送。

(3) 处理过程。

① 开启气吹破拱装置。

② 检查粉料罐卸料碟阀的开度，并使碟阀处于全开的位置。

③ 检查粉料罐出口处物料是否结块。
④ 检查螺旋输送机叶片是否变形，如变形则拆除校正或更换。

123. 皮带跑偏应如何处理

(1) 故障现象。

皮带输送机在空载或负载运行过程中，出现往一边跑偏或一会儿向左边跑一会儿向右边跑的现象，引起漏料、设备的非正常磨损与损坏、生产率降低，而且会影响整套设备的正常工作。

(2) 原因分析。

上述故障是胶带所受的外力在胶带宽度方向上的合力不为零或垂直于胶带宽度方向上的拉应力不均匀而引起的。由于导致胶带跑偏的因素很多，应从输送机的设计、制造、安装调试、使用及维护等方面来着手解决胶带的跑偏问题，如胶带两侧的松紧度不一样、胶带两侧的高低不一样、托辊支架等装置没有安装到与胶带运行方向的垂直截面上等都会引起皮带跑偏。

(3) 处理过程。

① 调整张紧装置。

胶带运行时，若在空载与重载的情况下都向同一侧跑偏，说明胶带两侧的松紧度不一样，则可按相反方向调整；如果胶带左右跑偏且无固定方向，则说明胶带松弛，应调整张紧装置。

② 调整滚筒。

如果胶带在滚筒处跑偏，则说明滚筒的安装欠水平，滚筒轴向窜动，或滚筒的一端在前一端在后。此时，应校正滚筒的水平度和平行度等。

③ 调整托辊支架（或机架）。

如果胶带在空载时总向一侧跑偏，则应将跑偏侧的托辊支架沿胶带运行方向前移1~2cm，或将另一侧托辊支架（或机架）适当地加高。

④ 清除粘物。

如果滚筒、托辊的局部上粘有物料，将使该处的直径增大，导致该处的胶带拉力增加，从而使皮带跑偏。应及时清理黏附的物料。

⑤ 调整重力。

如果胶带在空载时不跑偏，而在重载时总向一侧跑偏，说明胶带已出现偏载。应调整接料斗或胶带机的位置，使胶带均载，以防止跑偏。

⑥ 调整胶带。

如果胶带边缘磨损严重或胶带接缝不平行，那么将使胶带的两侧拉力不一致。应重新修整或更换胶带。

⑦ 安装调偏托辊。

若在输送机上安装几组自动调心托辊（平辊或槽辊），即能自动纠正胶带的跑偏现象。例如，当胶带跑偏与某一侧小挡辊出现摩擦时，应使该侧的支架沿胶带的运行方向前移，另一侧即相对地向后移动，此时胶带就会朝向后移动的挡辊一侧移动，直至回到正常的位置。

⑧ 安装限位托辊。

如果胶带总向一侧跑偏，可在跑偏侧的机架上安装限位立辊。这样，一方面可使胶带强制复位，另一方面立辊可减少跑偏侧胶带的拉力，使胶带向另一侧移动。

124. 搅拌机闷机跳闸应如何处理

（1）故障现象。

在投料搅拌过程中，搅拌主机因电流过大出现闷机跳闸。

（2）原因分析。

① 投料过多，引起搅拌机负荷过大。

② 搅拌系统叶片与衬板之间的间隙过大，搅拌过程中，增大了阻力。

③ 三角传动皮带太松，使传动系统效率低。

④ 搅拌主机上盖安全检修开关被振松，引起停机。

（3）处理过程。

① 检查配料系统是否超标和是否有二次投料现象。

② 检查搅拌机叶片与衬板之间的间隙是否在 3～8mm。

③ 检查传动系统三角皮带的松紧程度并调整。检查主机上盖安全开关是否松动。

125. 搅拌机卸料门关门无信号应如何处理

（1）故障现象。

搅拌机卸完料后，卸料门关闭，但无关门信号，造成程序停止运行。

（2）原因分析。

搅拌机卸料门接近开关与卸料门上的转柄指针接近距离不超过 5mm 才能感应信号。当卸料门因油泵压力未达到要求或卸料门在关闭时被搅拌机里的残料卡住时，接近开关接近不到转柄指针而没有信号，因接近开关或转柄指针松动，使接近距离超过 5mm 时，接近开关也感应不到信号。如接近开关损坏也没有信号输出。

（3）处理过程。

① 检查卸料门液压系统工作压力是否达到要求（13MPa）。

② 切换到手动，把搅拌机卸料门打开，使卡住的残料掉落后再关上。

③ 检查接近开关和转柄指针是否松动。

④ 检查接近开关是否损坏。

126. 混凝土搅拌不均匀应如何处理

（1）故障现象。

搅拌机卸出的混凝土不均匀，一边干、一边湿。

（2）原因分析。

搅拌时间过短会导致搅拌不均匀，若搅拌机喷水管喷嘴安装不正确，则喷水不均匀，更容易使混凝土一边干、一边湿。

（3）处理过程。

① 检查搅拌时间是否过短（一般为 30s），如搅拌时间过短可延长搅拌时间。

② 检查喷水管喷嘴的安装排列顺序是否正确，正确的排列顺序是排水泵边的喷嘴

最小，另一边的喷嘴最大，中间按从小到大的顺序均匀排列安装。

127. 骨料称量不准应如何处理

（1）故障现象。

① 骨料称量总是偏多。

② 骨料称量总是偏少。

③ 骨料称量一会儿多一会儿少。

（2）原因分析。

骨料称量误差与精称设定、落差及卸料的均匀性有密切的联系。精称设定数据必须大于落差，否则，精称设定信号尚未输出，落差信号已发出，将停止卸料。

（3）处理过程。

① 骨料总是偏多，可通过调大落差的办法解决。落差调大后，需检查其数值是否小于精称设定值，如落差大于精称设定值则应相应调大精称设定值。

② 骨料总是偏多，可通过调小落差的办法解决。落差调小后，精称设定值一般不需要调整。

③ 骨料称量一会儿多一会儿少，首先检查卸料的均匀性，检查卸料口是否有杂物卡住等，然后再调整精称设定和落差。

128. 粉料称量不准应如何处理

（1）故障现象。

① 粉料称量总是偏多。

② 粉料称量总是偏少。

③ 粉料称量一会儿多一会儿少。

（2）原因分析。

与粉料称量有关的因素有落差的设定、螺旋输送机送料的均匀性、主楼除尘负压的影响等。

（3）处理过程。

总是偏大或总是偏小可通过调整落差来修正。当称量不稳定时，应检查螺旋输送机送料的均匀性（主要看粉料罐下料是否顺畅）并处理。另检查主楼除尘管路和除尘机滤芯是否堵塞。

129. 外加剂称量不准应如何处理

（1）故障现象。

① 外加剂称量总是偏多。

② 外加剂称量总是偏少。

③ 外加剂称量一会儿多一会儿少。

（2）原因分析。

上述故障主要是落差和手动球阀开度的影响。

（3）处理过程。

先调整落差，如调整落差后称量仍有问题，则把外加剂管路中手动球阀开度关小，再调整落差。

130. 粉料秤计量准确后称量仪表读数渐渐变小应如何处理

（1）故障现象。

在自动生产过程中，粉料计量斗内的物料称好后称量仪表读数渐渐变小。

（2）原因分析。

上述故障主要由卸料气动蝶阀关闭不严引起。而气动蝶阀关闭不严的因素有：气动蝶阀组装时限位螺钉位置不合适造成蝶阀本身关闭不到位；蝶阀出口处粘了物料，也会造成气动蝶阀关闭不到位。

（3）处理过程。

① 先拆开与气动蝶阀相连的红色胶管，检查是否有物料粘在蝶阀上，如有，则在蝶阀开启状态下，用钢刷把物料清理掉。

② 检查蝶阀的限位顶丝位置是否合适，可通过调整顶丝来限制蝶阀的开度。

131. 配比不下传到仪表或仪表显示数上传不到计算机或仪表不启动应如何处理

（1）故障现象。

任务设置好后，用鼠标点击存盘下传，但称重仪表接收不到计算机下传的数据。在生产过程中，称重仪表检测到的质量数据不能传输到计算机上，计算机界面上相应的数据控件窗口无反应。

（2）原因分析。

称重仪表与计算机之间通过一拖八串口线连接。称重仪表与计算机之间的通信线松动、断线、短接或碰壳等都会造成称重仪表与计算机之间无通信。称重仪表的参数设置不正确对通信也有影响。

（3）处理过程。

检查通信线接头是否有缺陷，若有，及时处理，检查仪表参数设置是否正确。

132. 称量仪表静态时数字漂移应如何处理

（1）故障现象。

在自然状态下，称量仪表显示数据连续不断地变化。

（2）原因分析。

称重仪表显示质量数据来源于传感器接线盒传送过来的电流信号，仪表显示质量波动大，则说明传感器接线盒传输过来的电流波动。传感器内部电桥损坏或传感器接线盒接线松动都会造成电流波动。

（3）处理过程。

拆除某个传感器在接线盒上的所有接线、查看称重仪表数据是否继续漂移。如称重仪表数据停止漂移，则可判断该传感器接线松动或传感器损坏。把拆下的传感器所有接线重新接到接线盒上，如称重仪表数据停止漂移，则说明原因是接线松动，如称重仪表数据继续飘移，则传感器损坏，更换传感器即可解决。如拆掉某个传感器后，称重仪表数据继续漂移，则拆另一个传感器（已拆传感器的接线先不要接），按类似方法处理。

133. 称量仪表显示"⌐⌐"或"⌐⌐"应如何处理

（1）故障现象。

在称重过程中，称重仪表显示"⌐⌐"符号，或在卸料过程中，称重仪表显示"⌐⌐"。

（2）原因分析。

符号"⌐⌐"表示计量装置所称物料质量超出称重仪表设定质量，即超载。符号"⌐⌐"表示计量装置内物料质量小于仪表零点设定数值。

（3）处理过程。

当出现符号"⌐⌐"时，一般是计量斗内物料超过配方值，检查计量斗内物料并处理。如计量斗内物料未超过配方值，则检查仪表参数 F1.1（最大称量选择）的数据是否正确，按称重终端参数设定表进行检查和设定。另质量传输线路接头松动、屏蔽层破损失效也有影响。

当出现符号"⌐⌐"时，一般重校零点即可解决。

134. 待料斗卸完料后有料指示灯继续闪烁应如何处理

（1）故障现象。

待料斗卸完料，斗阀门关闭，有料指示灯继续闪烁。

（2）原因分析。

当待料斗卸料时，待料斗有料指示灯开始闪烁，当卸料完毕斗阀门关闭，关门到位信号到位后（I6.7），待料斗有料指示灯停止闪烁。斗阀门关闭，有料指示灯继续闪烁，则可判断斗阀门未关到位或关门到位行程开关或磁性开关安装位置松动，接近开关或磁性开关损坏也会导致出现该故障。

（3）处理过程。

检查待料斗斗阀门的关闭情况，如因骨料或其他原因卡住未关闭到位，切换到手动状态，按下待料斗卸料按钮，打开斗阀门，使卡住斗阀门的骨料掉落，再松开待料斗卸料按钮，使斗阀门关闭到位后，再切换到自动状态。也可在自动状态下，用鼠标点击计算机监控界面上的待料斗卸料控件，打开斗阀门，清除物料后再关闭。

如行程开关或气缸上的磁性开关安装松动，特别是磁性开关松动，把开关位置调正后紧固。如关门到位，开关位置正常，则需检查行程开关或磁性开关是否损坏。

135. 叠加称量螺旋输送机切换时其断路器跳闸应如何处理

（1）故障现象。

当粉煤灰称量结束后，转换到矿粉螺旋启动时就跳闸。

（2）原因分析。

因叠加称两条螺旋输送机共用一个空气开关，当粉煤灰螺旋断电后，其接触器没有立即全部断开，此时又启动矿粉螺旋输送机，容易造成短路。

（3）处理过程。

通过调整 T600.02 仪表上 F6.3.3.2，延长转换时间。

136. 搅拌机搅拌时间到后不卸料应如何处理

(1) 故障现象。

在自动生产过程中,搅拌时间变为零后,搅拌机不卸料。

(2) 原因分析。

正常情况下,搅拌时间变为零后,搅拌机会自动卸料,但在生产过程中按下了操作台上的暂停按钮或用鼠标点击了计算机监控界面上的禁止出料控件,则搅拌时间到后,搅拌机不会卸料。另卸料门电磁阀损坏,卸料门不能打开,搅拌机也不会卸料。

(3) 处理过程。

① 检查操作台上暂停按钮是否按下,如按下则复位。

② 检查计算机监控界面上的禁止出料控件是否被激活,如激活则取消。

③ 检查卸料电磁阀是否工作正常。

137. 一个电磁阀动作,所有的电磁阀得电应如何处理

(1) 故障现象。

在自动生产过程中,配料站所有气动门都打开。

(2) 原因分析。

① 印刷电路板上的 100 号线未接或接触不好。

② 印刷电路板上的续流二极管击穿。

(3) 处理过程。

① 检查印刷电路板上的 100 号线并接好。

② 更换整块印刷电路板或只更换损坏的续流二极管。

138. 上位机系统提示未检测到加密锁或加密锁初始化错误应如何处理

(1) 故障现象。

计算机启动后,报警提示未检测到加密锁或加密锁初始化错误。

(2) 原因分析。

混凝土搅拌控制系统是在组态软件上进行开发的,使用组态软件必须把加密锁正确安装在计算机上,并安装加密锁驱动程序。当加密锁未安装好或加密锁损坏时,计算机都检测不到。加密锁初始化错误的原因是驱动程序有问题。

(3) 处理过程。

① 关闭计算机,拔出加密锁,检查后再装上,如多次检查处理,还检测不到加密锁,则需更换加密锁或计算机主板。

② 重新安装驱动程序。

139. 无法进入操作系统应如何处理

(1) 故障现象。

启动计算机时提示插入系统启动软盘。

(2) 原因分析。

硬件或软件原因造成系统文件丢失。

(3) 处理过程。

① 用系统盘恢复。

② 重新克隆硬盘更换。

140. 粉料罐料位计指示异常应如何处理

（1）故障现象。

无论粉料罐里有料还是无料，料位计都显示有料。

（2）原因分析。

当粉料罐内粉料覆盖料位计时，料位计旋转叶片受到阻力停止转动，此时，料位计给出有料信号。当料位计旋转叶片粘料过多到一定程度或旋转叶片与安装座之间间隙过少而发卡，料位计无法转动，料位计会输出有料信号。另外，料位计接线错误或料位计损坏也会发出错误信号。

（3）处理过程。

① 拆除料位计，清理旋转叶片上所粘的粉料。

② 检查旋转叶片与安装座套之间的间隙是否足够，如过小则需进行处理。

③ 检查料位计的接线是否正确。

④ 做拆除通电试验，判断料位计是否损坏。

141. 未启动生产画面显示进料动画应如何处理

（1）故障现象。

未启动生产，计算机监控画面显示进料动画。

（2）原因分析。

计算机监控画面进料动画与各气动门的关门到位信号有关，而关门信号通过 PLC 传输给计算机。

（3）处理过程。

检查 PLC 与计算机之间的 PC/PPI 通信电缆连接是否正确可靠。

142. 某种物料自动、手动不进料，但操作上位机可以进料应如何处理

（1）故障现象。

在自动或手动状态下，按操作台上的进料按钮无反应，但用鼠标点击计算机监控界面上的进料按钮可以进料。

（2）原因分析。

每种物料计量的最基本条件是计量斗卸料门必须关到位，且关门到位信号输入PLC，但计算机界面上的进料按钮可跳过该条件，强制进料。

（3）处理过程。

检查该种物料关门信号是否到位。

143. 螺旋输送机跳闸应如何处理

（1）故障现象。

螺旋输送机电动机能启动但随后马上就停。

(2) 原因分析。

① 电源电压过低或空气开关调整电流过低。

② 粉料里有异物卡住。

③ 螺旋输送机旋转方向反了。

④ 螺旋输送机安装变形。

(3) 处理过程。

① 检查电源、空气开关调整电流是否符合要求。

② 清理检查螺旋输送机的异物。

③ 检查螺旋输送机的转向。

④ 检查螺旋输送机的直线度。

144. 骨料进料门卡料应如何处理

(1) 故障现象。

配料站石子进料气动门被石子卡住打不开。

(2) 原因分析。

配料站气动门有大间隙门和小间隙门，大间隙门间隙大于一般石子粒径，因而不会出现卡料。小间隙门间隙一般在5～10mm，当10mm以下的石子卡入间隙时，难以把气动门卡住。配料站使用一段时间后，骨料出料口磨损，当间隙磨损到20～30mm时，此时卡入较大的石子进入间隙，在开门的过程中，石子很容易卡住，使气动门不能打开。

(3) 处理过程。

检查气动门间隙并调整到合适值，如因磨损过大不能调整到合适值，则需在料口处加焊钢板或圆钢，使间隙达到合理值。

145. 混凝土卸料时堵料应如何处理

(1) 故障现象。

搅拌机在卸料过程中，混凝土堵在搅拌车入料口不能进入，造成混凝土堵在卸料斗内。

(2) 原因分析。

① 混凝土卸料太快。搅拌机卸料门半开开度过大，会使混凝土卸料过快。搅拌机卸料门半开时间过短，随即转到全开，也会使混凝土卸料过快。

② 混凝土流动性较差。

(3) 处理过程。

① 如在半开过程中堵料，则把搅拌机卸料门半开开度调小。如在半开转全开时堵料，则需把半开时间延长。

② 适当提高混凝土的流动度，同时搅拌车在卸料过程中，可以适当提高转筒速度。

③ 必要时可在堵料处用振动棒辅助卸料。

146. 输送粉料到罐里时罐顶冒灰应如何处理

(1) 故障现象。

散装水泥车向粉料罐泵灰的过程中，水泥罐顶有粉料冒出。

(2) 原因分析。

粉料输送到粉料罐是通过压缩空气输送，压缩空气把粉料送到粉料罐后，通过罐顶除尘机滤芯排到空气中，如除尘机滤芯堵塞，则压缩空气不能及时排出而产生"憋压"，当压力达到罐顶安全阀开启压力时，安全阀打开，压缩空气与粉料通过安全阀排到大气中，产生冒灰现象。另外，因料位计失效，粉料装满后继续送料，也会出现罐顶冒灰现象。

(3) 处理过程。

① 检查罐顶除尘机滤芯情况并清理。

② 一旦出现冒灰现象，就必须清理安全阀周围的粉料，避免粉料被雨水淋湿结块堵塞安全阀。

③ 如因粉料装得过满而冒灰，则必须检查料位计及料满报警装置的可靠性。

147. 空压机启动频繁应如何处理

(1) 故障现象。

在工作过程中，空压机频繁启动。

(2) 原因分析。

① 空压机压差过小。

② 气路系统漏气严重。

(3) 处理过程。

① 检查空压机的压差并调整，一般为 0.2MPa。

② 检查气路系统的气密性是否符合要求，并对漏气部位进行处理。

148. 上料皮带雨天打滑应如何处理

(1) 故障现象。

在下雨天，斜皮带带负载运转时打滑。

(2) 原因分析。

下雨天，骨料中的水分及皮带外露部分容易潮湿，皮带潮湿特别是内圈潮湿，减少了皮带与传动滚筒之间的摩擦系数，使滚筒传递给皮带的扭矩减少，当该力矩小于皮带物料输送所需力矩时，皮带就出现打滑。

(3) 处理过程。

① 增加皮带张紧装置配重或拉紧皮带调节丝杆，增加皮带与滚筒之间的正压力，从而达到传动滚筒与皮带之间的摩擦力。

② 调整传动滚筒附近的张紧滚筒，增大皮带在传动滚筒上的包角，增大摩擦力。

③ 在传动滚筒包胶层上割直槽，增大摩擦系数。

④ 如前三种方法不能解决，则需更换防滑滚筒。

149. 外加剂泵不上外加剂应如何处理

(1) 故障现象。

外加剂泵工作时泵不上外加剂。

(2) 原因分析。

① 外加剂泵里有气泡。

② 外加剂储存罐里物料不足。

③ 外加剂泵叶轮损坏。

(3) 处理过程。

① 拆开外加剂排气孔螺钉,排出外加剂里的气泡。

② 向外加剂储存罐里添加外加剂。

③ 检查外加剂叶轮情况,视情况更换零配件。

150. 上料皮带损伤应如何处理

(1) 故障现象。

使用一段时间后,皮带表面出现脱胶、开裂、划伤等现象。

(2) 原因分析。

金属皮带清扫器如不及时调整,容易损伤皮带,造成皮带表面橡胶脱落。金属皮带清扫器安装不正确,比较尖的碎石卡在金属皮带清扫器之间会损伤皮带。皮带本身质量不好,也容易出现上述缺陷。

(3) 处理过程。

皮带一旦出现脱胶、开裂、划伤等缺陷,应及时修补。当皮带出现损伤时,首先要解决造成皮带损伤的因素,如金属皮带清扫器损坏,则需立即调整或更换金属皮带清扫器,然后及时修补皮带。皮带损伤很小时,可用皮带修补胶现场修补。当皮带损伤面较大或局部损坏严重时,可把局部损伤的皮带切除掉,更换一段皮带,用硫化机进行胶结。如皮带损伤不及时处理,损伤蔓延到整条皮带时,则没有修复价值,只能整条更换。

151. 皮带输送骨料不均匀应如何处理

(1) 故障现象。

称完后卸到皮带上的骨料有堆积,造成皮带散料;或皮带上输送的骨料有空缺,如果此时前一种物料是卵石,则会在皮带上打滚而散落下来。

(2) 原因分析。

配料站多种骨料卸到皮带上的顺序和时间间隔可任意随时调整。一般卸料顺序要求最后卸料的骨料为砂,卸料时间间隔要求为前一种骨料落在皮带上的尾部刚好与后一种骨料落到皮带上的头部重合。如时间间隔过短,则前一种骨料与后一种骨料的首尾有重叠堆料,堆料过多会造成散料。如时间间隔过大,则两种骨料的中间有空缺。

(3) 处理过程。

① 调整好骨料的卸料顺序,保证砂最后卸料。

② 根据皮带上骨料的分布情况调整各种骨料的卸料时间间隔,保证皮带上各种物料连续、均匀分布。时间间隔一般需多次调整。

152. 气源三联件中减压阀压力不能调整应如何处理

(1) 故障现象。

旋转减压阀调节手轮,但压力不能调整。

(2) 原因分析。

① 减压阀进出口方向装反。

② 阀芯上嵌入异物或阀芯上的滑动部位有异物卡住。

③ 调压弹簧、复位弹簧、膜片、阀芯上的橡胶垫等损坏。

(3) 处理过程。

① 检查减压阀进出口安装方向是否正确。

② 拆散检查阀芯及相关零件，并清理零件上的杂物。

③ 如有零件损坏，则更换减压阀。

153. 气源三联件中油雾器不滴油或滴油量很小应如何处理

(1) 故障现象。

压缩空气流动，但油雾器不滴油或滴油量很小。

(2) 原因分析。

① 油雾器进出口方向装反。

② 油道堵塞。

③ 注油塞垫圈损坏或油杯密封垫圈损坏，使油杯上腔不能加压。

④ 气通道堵塞，油杯上腔未加压。

⑤ 节流阀未开启或开度不够。

⑥ 润滑油的黏度太大。

(3) 处理过程。

① 检查油雾器进出口安装方向。

② 停气、拆散、清洗油道；更换垫圈和密封；清理气通道。

③ 调节节流阀的开度。

④ 更换黏度较小的润滑油。

154. 气缸上磁性开关不能闭合或有时不能闭合应如何处理

(1) 故障现象。

当气缸关闭或打开到位时，磁钢接近磁性开关，但磁性开关不闭合或有时不能闭合。

(2) 原因分析。

① 电源故障。

② 接线不良。

③ 磁性开关安装位置发生偏移。

④ 气缸周围有强磁场。

⑤ 缸内温度过高或磁性开关部位温度高于 70℃。

⑥ 磁性开关受到冲击，灵敏度降低。

⑦ 磁性开关瞬时通过了大电流而断线。

(3) 处理过程。

① 检查电源是否正常。

② 检查接线部位是否松动。
③ 调整磁性开关安装位置。
④ 加隔磁板。
⑤ 降温。
⑥ 更换磁性开关。

2.3 三级/高级工

2.3.1 原材料知识

155. 混凝土原材料进场检验有哪些要求

原材料进场时，应按规定批次验收型式检验报告、出厂检验报告或合格证等质量证明文件，外加剂产品还应具有使用说明书。

混凝土原材料进场时应进行检验，检验样品应随机抽取。这种检验是验证性工作，目的是不合格产品不得进入生产环节，是对出厂检验报告或合格证等质量证明文件的确认。

156. 混凝土原材料的检验批量如何划分

(1) 水泥：袋装水每 200t 为一检验批；散装水泥每 500t 为一检验批。
(2) 粉煤灰或粒化高炉矿渣粉等矿物掺合料，每 200t 为一检验批。
(3) 硅灰：每 30t 为一检验批。
(4) 外加剂：每 50t 为一检验批。
(5) 砂、石骨料：每 400m^3 或 600t 为一检验批。
(6) 水：同一水源不小于一个检验批。
(7) 当符合下列条件之一时，可将检验批数量扩大一倍。
① 经产品认证机构认证符合要求的产品。
② 来源稳定且连续三次检验合格。
③ 同一厂家同一批次出厂材料，用于同时施工且属于同一工程项目的多个单位工程。
④ 不同批次或非连续供应的不足一个检验批量的混凝土原材料应作为一个检验批。

157. 水泥质量控制的具体要求是什么

(1) 水泥质量主要控制项目。

凝结时间、安定性、胶砂强度、氧化镁和氯离子含量。碱含量低于 0.6% 的水泥主要控制项目还有碱含量，可以出厂检验报告为依据。氧化镁含量超标有可能会导致水泥安定性不良；氯离子含量超标有可能会导致混凝土中钢筋锈蚀；碱含量超标有可能会导致碱骨料反应，因此应严格控制。

(2) 水泥应用应符合的规定。
① 新型干法窑生产的水泥质量稳定性好，宜优先采用。
② 水泥中的混合材品种和掺加量对混凝土性能影响较大，应在出厂检验报告中

注明。

③ 水泥温度过高时影响混凝土性能，生产混凝土时的水泥温度不宜高于60℃。

158. 水泥碱含量对混凝土碱-骨料反应有何影响

碱含量就是水泥中碱物质（氢氧化钠、氢氧化钾）的含量。碱含量主要从水泥生产原材料带入，尤其是黏土。碱含量越高，水泥凝结时间越短，早期强度提高而后期强度降低；碱含量对减水剂的影响较大，碱含量越高，混凝土流动性越小。《通用硅酸盐水泥》（GB 175—2007）规定：水泥中碱含量用氧化钠+0.658氧化钾计算值表示。用户要求提供低碱水泥时，水泥中的碱含量由买卖双方协商确定（通常要求碱含量低于0.6%）。

水泥碱含量高，还会引起混凝土产生碱-骨料反应，即来自水泥、外加剂、环境中的碱在水化过程中析出氢氧化钠和氢氧化钾，与骨料中活性二氧化碳相互作用，形成碱的硅酸盐凝胶体，致使混凝土发生体积膨胀，呈蛛网状龟裂，导致工程结构破坏。但在工程实践中，我国出现碱-骨料反应而破坏的工程案例很少，鲜有报道。

159. 水泥基本性能的检验项目有哪些

水泥进场的必检项目主要包括水泥标准稠度用水量、水泥凝结时间、安定性、胶砂强度。详细、规范、具体的检测方法可执行《水泥标准稠度用水量、凝结时间、安定性检验方法》（GB/T 1346—2011）和《水泥胶砂强度检验方法（ISO法）》（GB/T 17671—2021）。简述如下：

检验环境条件：实验室温度为（20±2）℃，相对湿度应不低于50%，水泥试样、拌和水、仪器和用具的温度应与实验室一致。湿气养护箱的温度为（20±1）℃，相对湿度不低于90%。

（1）水泥标准稠度用水量检验（标准法）。

① 主要仪器设备。

水泥净浆搅拌机、标准法维卡仪、量水器、天平。

② 试验前准备。

a. 标准法维卡仪的金属棒能自由滑动。

b. 调整至试杆接触玻璃板时指针对准零点。

c. 搅拌机运行正常。

③ 检验步骤。

a. 用水泥净浆搅拌机搅拌，搅拌锅和搅拌叶片先用湿布擦过，将拌和水倒入搅拌锅内，然后在5~10s内小心将称好的500g水泥加入水中，防止水和水泥溅出。

b. 拌和时，先将锅放在搅拌机的锅座上，升至搅拌位置，启动搅拌机，低速搅拌120s，停15s，同时将叶片和锅壁上的水泥浆刮入锅中，接着高速搅拌120s后停机。

c. 拌和结束后，立即将拌制好的水泥净浆装入已置于玻璃底板上的试模中，用小刀插捣，轻轻振动数次，刮去多余的净浆；抹平后，迅速将试模和底板移到标准法维卡仪上，并将其中心定在试杆下，降低试杆直至与水泥净浆表面接触（或迅速将锥模放到试锥下面固定的位置上，将试锥降至净浆表面），拧紧螺丝1~2s后，突然放松，使试杆垂直自由地沉入水泥净浆中。在试杆停止下沉或释放试杆或试锥 30s 时记录试杆距底板之间的距离；整个操作应在搅拌后 1.5min 内完成。

d. 以试杆沉入净浆并距底板（6±1）mm 的水泥净浆为标准稠度净浆。其拌和水量为该水泥标准稠度用水量（P），按水泥质量的百分比计。

（2）水泥凝结时间的检验。

① 仪器设备。

凝结时间测定仪（将标准法维卡仪的试杆换成试针即可）。

② 检验前的准备工作。

当调整凝结时间测定仪的试针接触玻璃板时，指针对准零点。

③ 试块的制备。

以标准稠度用水量按水泥净浆的拌制规定制成标准稠度净浆一次装满试模，振动数次刮平，立即放入湿气养护箱中。记录水泥全部加入水中的时间作为凝结时间的起始时间。

④ 初凝时间的检验。

试块在湿气养护箱中至加水后 30min 时进行第一次测定。测定时，从湿气养护箱中取出试模放到试针下，降低试针与水泥净浆表面接触。拧紧螺丝 1～2s 后，突然放松，试针垂直自由地沉入水泥净浆。观察试针停止下沉或释放试针 30s 时指针的读数。当试针沉至距底板（4±1）mm 时，为水泥达到初凝状态；水泥全部加入水中至初凝状态的时间为水泥的初凝时间，用 min 表示。

⑤ 终凝时间的检验。

为了正确观测试针沉入的状况，在终凝针上安装一个环形附件。在完成初凝时间测定后，立即将试模连同浆体以平移的方式从玻璃板取下，翻转 180°，直径大端向上，小端向下放在玻璃板上，再放入湿气养护箱中继续养护，临近终凝时间时每隔 15min 测定一次，当试针沉入试体 0.5mm 时，即环形附件开始不能在试体上留下痕迹时，为水泥达到终凝状态，水泥全部加入水中至终凝状态的时间为水泥的终凝时间，用 min 表示。

⑥ 检验时的注意事项。

在最初测定操作时轻轻扶持金属柱，使其徐徐下降，以防试针撞弯，但结果以自由下落为准，在整个测试过程中试针沉入的位置至少要距试模内壁 10mm。临近初凝时间时，每隔 15min 测定一次，临近终凝时间时，每隔 15min 测定一次，到达初凝时间或终凝时间时应立即重复测一次，当两次结论相同时才能定为到达初凝或终凝状态。每次测定不能让试针落入原针孔，每次测定完毕须将试针擦净并将试模放回湿气养护箱内，整个测试过程要防止试模受振。

（3）安定性检验（标准法）。

① 主要仪器设备。

水泥净浆搅拌机、量筒、天平、沸煮箱、雷氏夹和标准养护箱。

② 检验步骤。

a. 以标准稠度用水量加水制成标准稠度净浆。

b. 将预先准备好的雷氏夹放在已稍擦油的玻璃板上，并立刻将已制好的标准稠度净浆装满试模，装浆时一只手轻轻扶持雷氏夹，另一只手用宽约 10mm 的小刀插捣数次然后抹平，盖上稍涂油的玻璃板，接着立即将试块移至湿气养护箱内养护（24±2）h。

c. 调整好沸煮箱内的水位，使之在整个沸煮过程中都能没过试块，不需要中途添补试验用水，同时又保证水能在（30±5）min 内升至沸腾。脱去玻璃板取下试块，先测量试块指针尖端间的距离（A），精确到 0.5mm，接着将试块放入水中篦板上，指针朝上，试块之间互不交叉，然后在（30±5）min 内加热至沸腾，并恒沸（180±5）min。

d. 沸煮结束，即放掉箱中的热水，打开箱盖，待箱体冷却至室温，取出试块进行判别。

③ 结果判定。

测量试块指针尖端的距离（C），准确至 0.5mm，当两个试块煮后增加距离（$C-A$）的平均值不大于 5.0mm 时，认为该水泥安定性合格，当两个试块煮后增加距离相差超过 4mm 时，应用同一样品立即重做一次试验。再如此，则该水泥安定性不合格。

④ 注意事项。

凡与水泥净浆接触的玻璃板和雷氏夹表面都要稍稍涂上一层油，有些油会影响凝结时间，矿物油比较合适。

（4）水泥胶砂强度检验（ISO 法）。

① 主要仪器设备。

天平、计时器、加水器、水泥胶砂搅拌机、水泥胶砂试体成型振实台、试模、抗折试验机、抗压试验机、抗压夹具等。

② 检验准备。

a. 试验前，检查水泥胶砂搅拌机和水泥胶砂试体成型振实台是否能正常运转，搅拌时间为 4min。

b. 检查试模是否擦干净，并涂上润滑油，装配紧密不漏浆。

c. 检查称量 1kg，分度值为 1g 的秤能否正常使用。

d. 备好中国 ISO 标准砂，使用前中国 ISO 标准砂应妥善存放，避免破损、污染、受潮。

e. 水泥试样应存放在气密容器里，容器不与水泥发生反应。试验前混合均匀。

③ 检验步骤。

a. 称量水泥 450g，标准砂 1350g，拌和用水 225mL。在行星式水泥胶砂搅拌机中搅拌，用水泥胶砂试体成型振实台振实成型，做好标记放入标准养护箱中养护。

b. 试块成型后 24h 脱模，脱模的试块立即放入标准养护箱中养护。到龄期的试体，试验前 15min 从养护箱中取出，擦去表面的沉积物，并用湿布覆盖。

c. 将试体放入抗折夹具内，以（50±10）N/s 的加荷速度均匀加载，直至折断，在抗折试验机上读出抗折强度值。

d. 读出抗折强度后的断块应立即进行抗压强度试验。将试体放入抗压夹具内，在抗压试验机上以（2400±200）N/s 的加荷速度均匀加载，直至破坏。

④ 试验结果。

a. 抗折强度以一组三个试体抗折结果作为试验结果。当三个强度值中有一个超出平均值±10%时,应剔除后再取平均值作为抗折强度试验结果;当三个强度值中有两个超出平均值±10%时,应以剩余一个作为抗折强度试验结果。

b. 抗压强度 R_c 按下式计算:

$$R_c = \frac{F_c}{A}$$

式中　R_c——抗压强度(MPa),精确至0.1MPa;

　　　F_c——破坏时取大荷载(N);

　　　A——受压部分面积(mm^2)。

以六个试体抗压强度的平均值作为试验结果。当六个测定值中有一个超出平均值±10%时,应剔除后取剩下五个的平均值作为试验结果。当五个测定值中再有超过它们平均值±10%时,此组试验结果作废。当六个测定值中同时有两个或两个以上超过平均值±10%时,此组试验结果作废。各个半棱柱体的单个抗压强度结果计算至0.1MPa,平均值计算精确至0.1MPa。

160. 常用矿物掺合料质量控制有哪些具体要求

(1) 可采用两种或两种以上的矿物掺合料按一定比例混合使用。

(2) 主要控制项目。

① 粉煤灰主要控制项目有细度、需水量比、活性指数、烧失量和三氧化硫含量,C类粉煤灰的主控项目还包括游离氧化钙含量和安定性。

② 矿渣粉主要控制项目有比表面积、活性指数和流动度比。

③ 石灰石粉主要控制项目有细度、MB值、流动度比、活性指数和氧化钙含量。

(3) 矿物掺合料应用应符合的规定。

① 掺用矿物掺合料的混凝土,宜采用硅酸盐水泥、普通水泥。

② 在混凝土中掺用矿物掺合料时,矿物掺合料的种类和掺量应经试验确定。

③ 矿物掺合料宜与高效减水剂同时使用。

④ 高强混凝土或有抗渗、抗冻、抗腐蚀、耐磨等其他要求的混凝土,不宜掺用低于Ⅱ级的粉煤灰。

161. 粉煤灰基本性能的检验项目有哪些

粉煤灰进场的必检项目包括细度、需水量比和活性指数。详细、规范、具体的检测方法可执行《用于水泥和混凝土中的粉煤灰》(GB/T 1596—2017),简述如下:

(1) 细度检验。

① 主要仪器设备。

负压筛析仪、标准筛(筛网孔径 $45\mu m$)、电热鼓风干燥箱、天平、毛刷、木槌等。

② 检验步骤。

a. 将负压筛析仪的电源插入220V交流电源内。

b. 称取在105~110℃温度下烘至恒重的试样约10g,精度0.01g倒入 $45\mu m$ 方孔筛筛网上,将筛置于负压筛析仪筛座上,盖上有机玻璃盖。

c. 将定时开关开到3min,负压筛析仪开始筛析。

d. 负压筛析仪开始工作后,观察负压表,负压4000~6000Pa时表示工作正常,若负压小于 4000Pa 则应停机,清理吸尘器的积灰后再进行筛析。

e. 在筛析过程中,发现有细灰吸附在筛盖上,可用木槌或硬橡胶棒轻轻敲打筛盖,使吸附在筛盖的灰落下。

f. 3min 后负压筛析仪自动停止工作,观察筛余物,如有颗粒成球状、粘筛或有细颗粒沉积在筛边,用毛刷将细颗粒轻轻刷开,将定时开关固定在手动位置,再筛析 1~3min 直至筛分彻底为止,将筛网内的筛余物收集并称重,精确至 0.01g。

③ 检验结果。

粉煤灰的细度用筛余百分数表示,按下式进行计算,精确至 0.1%:

$$F = (G_1/G) \times 100$$

式中　F——45μm 方孔筛筛余(%);

　　　G_1——筛余物的质量(g);

　　　G——称取试样的质量(g)。

④ 试验筛的校正。

一般筛析 150 次,筛网校正一次。筛网的校正系数范围为 0.8~1.2,精确至 0.1。校正系数按下式计算:

$$K = \frac{m_0}{m} \times 100\%$$

式中　K——筛网校正系数;

　　　m_0——标准样品筛余标准值(%);

　　　m——标准样品筛余实测值(%)。

⑤ 筛余结果修正。

将计算结果乘以所用筛的校正系数 K,即得筛析法的最终结果。

⑥ 结果判定。

合格评定时,每个样品应称取两个试样分别筛析,取筛余平均值为筛析结果。若两次筛余结果绝对值误差大于 0.5%(筛余值大于 5.0% 时可放宽至 1.0%)应再做一次,取两次相近结果的算数平均值作为最终结果。

(2) 需水量比。

① 主要仪器设备。

胶砂搅拌机、水泥胶砂流动度仪、试模 [上口内径(70±0.5)mm,下口内径(100±0.5)mm,高(60±0.5)mm,截锥圆模上有套模,套模下口须与圆模上口配合]、捣棒(直径 20mm,长约 200mm 金属棒、卡尺(量程不小于 300mm,分度值不大于 0.5mm)、天平(量程不小于 1000g,分度值不大于 1g)等。

② 主要材料。

a. 水泥:符合《强度检验用水泥标准样品》(GSB 14-1510—2018)或《通用硅酸盐水泥》(GB 175—2007)中规定的强度等级 42.5 的硅酸盐水泥或普通水泥。

b. 标准砂:符合《水泥胶砂强度检验方法(ISO 法)》(GB/T 17671—2021)规定的 0.5~1.0mm 的中级砂。

c. 水:洁净的淡水。

③ 检验步骤。

a. 胶砂配比按表 2-26 进行配制。

表 2-26 粉煤灰需水量试验配比

胶砂种类	水泥（g）	粉煤灰（g）	标准砂（g）	加水量（mL）
对比胶砂	250	—	750	胶砂流动度（L_0）达到 145～155mm 的水量
试验胶砂	175	75	750	胶砂流动度达到 $L_0\pm2$mm 的水量

b. 搅拌好的胶砂分两次装入预先放置在跳桌中心用湿布擦过的截锥形圆模内。第一次先装至模高的 2/3，用小刀在相互垂直两方向各划五次，再用圆柱捣棒自边缘至中心均匀插捣十五次（外圈十次，内圈四次，中心一次）；第二次装至高出圆模约 20mm，用小刀在相互垂直两方向各划五次，再插捣十次（外圈七次中心三次），每次插捣至下层表面，然后将多余胶砂刮去抹平，并清除落在跳桌上的砂浆。

c. 圆模垂直向上轻轻提起，以 1 次/s 的速度摇动跳桌手轮二十五次，然后用卡尺量测胶砂底部扩散直径，以相互垂直的两直径平均值为测定值。如测定值在 $L_0\pm2$mm 范围内，则所加入的用水量，即胶砂用水量；测定结果如超出 $L_0\pm2$mm 范围，应重新调整用水量，直至胶砂流动度达到 $L_0\pm2$mm 范围为止。从加水至测量扩散直径结束，应不超过 6min。

④ 检验结果。

粉煤灰需水量比，应按下式计算，精确至 1%：

$$X=\frac{m}{125}\times100\%$$

式中　X——需水量比（%）；

　　　m——试验胶砂流动度达到对比胶砂流动度 $L_0\pm2$mm 时的加水量（mL）；

　　　125——对比胶砂的加水量（mL）。

（3）粉煤灰活性指数。

① 主要仪器设备。

胶砂搅拌机、水泥胶砂试体成型振实台、水泥标准养护箱、水泥压力试验机、水泥胶砂试模、天平等。

② 主要材料。

a. 水泥：符合《强度检验用水泥标准样品》（GSB 14-1510—2018）或《通用硅酸盐水泥》（GB 175—2007）中规定的强度等级 42.5 的硅酸盐水泥或普通硅酸盐水泥。

b. 标准砂：符合 GSB 08-1337 规定的 ISO 标准砂。

c. 水：洁净的淡水。

③ 检验步骤。

a. 胶砂配比按表 2-27 进行称量。

表 2-27 粉煤灰活性指数试验配比

胶砂种类	水泥（g）	粉煤灰（g）	标准砂（g）	加水量（mL）
对比胶砂	450	—	1350	225
试验胶砂	315	135	1350	225

b. 对比胶砂和试验胶砂搅拌的试体成型和养护以及28d的抗压强度，按《水泥胶砂强度检验方法（ISO法）》（GB/T 17671—2021）进行。

④ 结果计算。

强度活性指数按下式进行计算，计算结果精确到1%：

$$H_{28}=R/R_0\times100\%$$

式中　H_{28}——强度活性指数（%）；

　　　R——试验胶砂28d抗压强度（MPa）；

　　　R_0——对比胶砂28d抗压强度（MPa）。

162. 矿渣粉基本性能的检验项目有哪些

矿渣粉进场的必检项目主要包括活性指数、流动度比。详细、规范、具体的检测方法可执行国家标准《用于水泥、砂浆和混凝土中的粒化高炉矿渣粉》（GB/T 18046—2017），简述如下：

（1）活性指数。

① 主要仪器设备。

水泥胶砂搅拌机、水泥胶砂试体成型振实台、水泥标准养护箱、300kN水泥压力试验机、水泥胶砂试模、天平等。

② 主要材料。

符合标准要求的对比水泥、ISO标准砂。

③ 胶砂配比。

胶砂配比按表2-28进行称量。

表2-28　矿渣粉活性指数配比

胶砂种类	对比水泥（g）	矿渣粉（g）	ISO标准砂（g）	加水量（mL）
对比胶砂	450	—	1350	225
试验胶砂	225	225	1350	225

④ 检验步骤。

对比胶砂和试验胶砂搅拌、试体成型和养护以及28d的抗压强度按《水泥胶砂强度检验方法（ISO法）》（GB/T 17671—2021）进行。

⑤ 结果计算。

矿渣粉活性指数按下式计算，结果精确到1%：

$$A_{7/28}=\frac{R_{7/28}}{R_{0(7/28)}}\times100\%$$

式中　$A_{7/28}$——矿渣粉7d（28d）活性指数（%）；

　　　$R_{7/28}$——对比胶砂7d（28d）抗压强度（MPa）；

　　　$R_{0(7/28)}$——试验胶砂7d（28d）抗压强度（MPa）。

（2）流动度比。

① 主要仪器设备。

胶砂搅拌机、水泥流动度仪、截锥圆模$\phi70\times\phi100\times60$、$\phi20\times200$捣棒、游标卡尺

精度不大于0.5mm等。

② 胶砂配比。

同活性指数检验。

③ 检验步骤。

a. 空转检查水泥流动度仪，用湿布跳桌台面、试模内壁及捣棒后均置于跳桌台面用湿布覆盖。

b. 将制备胶砂分两层装入试模；第一次先装至模高的2/3，用小刀在相互垂直两方向各划五次，再用圆柱捣棒自边缘至中心均匀插捣十五次；第二次装至高出圆模约20mm，用小刀在相互垂直两方向各划五次，再插捣五次，每次插捣至下层表面，然后将多余胶砂刮去抹平，并清除落在跳桌上的砂浆。

c. 模垂直向上轻轻提起，以1次/s的速度摇动跳桌手轮二十五次，然后用卡尺量测胶砂底部扩散直径，以相互垂直的两直径平均值为测定值。从加水至测量扩散直径结束，应不超过6min。

④ 结果计算。

胶砂流动度比按下式进行计算，结果精确到1%：

$$F = L/L_m$$

式中　F——胶砂流动度比（%）；

　　　L——试验胶砂流动度（mm）；

　　　L_m——对比胶砂流动度（mm）。

163. 砂质量控制指标有哪些具体要求

（1）主要控制项目。

① 天然砂主要控制项目有颗粒级配、细度模数、含泥量、泥块含量、坚固性、氯离子含量和有害物质含量；海砂主要控制项目除包括上述外，还应包括贝壳含量。

② 人工砂主要控制项目除上述要求外还应包括石粉含量（MB值）和压碎值指标，人工砂主要控制项目可不包含氯离子含量和有害物质含量。

（2）砂的应用应符合的规定。

① 泵送混凝土宜采用中砂，且300μm筛孔的颗粒通过量不宜少于15%。

② 对于有抗渗、抗冻或其他有特殊要求的混凝土，砂中的含泥量和泥块含量分别不应大于3.0%和1.0%；坚固性检验的质量损失不应大于8%。

③ 对于高强混凝土，砂的细度模数宜控制在2.6~3.0范围之内。含泥量和泥块含量分别不应大于2.0%和0.5%。

④ 钢筋混凝土和预应力混凝土用砂的氯离子含量分别不应大于0.06%和0.02%。

⑤ 混凝土用海砂应经过净化处理。

⑥ 混凝土用海砂氯离子含量不应大于0.03%，贝壳含量应符合行业标准《普通混凝土用砂、石质量及检验方法标准》（JGJ 52—2006）规定。海砂不得用于预应力混凝土。

⑦ 人工砂中石粉含量应符合行业标准《普通混凝土用砂、石质量及检验方法标准》（JGJ 52—2006）规定。

⑧ 不宜单独采用特细砂作为细骨料配制混凝土。

⑨ 河砂和海砂应进行碱-硅酸反应活性试验；人工砂应进行碱-硅酸反应活性检验和碱-碳酸盐反应活性检验；对于有预防混凝土碱-骨料反应要求的工程，不宜采用有碱活性的砂。

164. 砂基本性能的检验项目有哪些方面

砂进场的必检项目包括筛分析、含泥量、泥块含量、含水率、亚甲蓝 MB 值、石粉含量等。详细、规范、具体的检测方法可执行行业标准《普通混凝土用砂、石质量及检验方法标准》（JGJ 52—2006），简述如下：

（1）筛分析检验。

① 主要仪器设备。

摇筛机、试验套筛、天平、电热鼓风干燥箱等。

② 检验步骤。

a. 准确称取烘干试样 500g（特细砂可称 250g），精确至 1g。置于按筛孔大小（大孔在上，小孔在下）顺序排列的套筛的最上一只筛（公称直径 5mm 方孔筛）上，将套筛装入摇筛机内固紧，筛分时间为 10min 左右，然后取出套筛，再按筛孔大小顺序，在清洁的浅盘上逐个进行手筛，直至每分钟的筛出量不超过试样总量的 0.1% 时为止，通过的颗粒并入下一个筛，并和下一个筛中试样一起过筛，按这样的顺序进行，直至每个筛全部筛完为止。

b. 称取各筛筛余试样的质量（精确至 1g），所有各筛的分计筛余量和底盘中剩余量的总和与筛分前的试样总量相比，其相差不得超过 1%。

③ 结果计算。

a. 计算分计筛余百分率（各筛上的筛余量除以试样总量的百分率），精确至 0.1%。

b. 计算累计筛余百分率（该筛上的分计筛余百分率与大于该筛的各筛上的分计筛余百分率之和），精确至 0.1%。

c. 根据各筛的两次平均累计筛余百分率（精确至 1%）评定该试样的颗粒级配分布情况。

d. 按下式计算砂的细度模数 μ_f（精确至 0.01）：

$$\mu_f = \frac{(\beta_2 + \beta_3 + \beta_4 + \beta_5 + \beta_6) - 5\beta_1}{100 - \beta_1}$$

式中　　　　　　　μ_f——砂的细度模数；

β_1、β_2、β_3、β_4、β_5、β_6——公称直径 5.00mm、2.50mm、1.25mm、0.063mm、0.315mm、0.160mm 各方孔筛上的累计筛余百分率（%）。

e. 筛分试验应采取两个试样平行试验，细度模数以两次试验结果的算术平均值作为测定值（精确至 0.1）。当两次试验所得的细度模数之差大于 0.20 时，应重新取样进行试验。

（2）含泥量（标准法）检验。

① 主要仪器设备。

试验筛、天平、电热鼓风干燥箱等。

② 检验步骤。

a. 将样品在潮湿状态下用四分法缩分至约1100g，置于温度为（105±5）℃的烘箱中烘干至恒重，冷却至室温后，立即称取各为400g（m_0）的试样两份备用。

b. 取烘干的试样一份置于容器中，并注入饮用水，使水面高出砂面约150mm充分拌和均匀后，浸泡2h。然后，用手在水中淘洗试样，使尘屑、淤泥和黏土与砂粒分离，并使之悬浮或溶于水中，缓缓地将浑浊液倒入1.25mm及0.080mm的套筛（1.25mm筛放置在上面）上，滤去小于0.080mm的颗粒。试验前筛的两面应先用水湿润。在整个试验过程中应注意避免砂粒丢失。

c. 再次加水于筒中，重复上述过程，直至筒内洗出的水清澈为止。

d. 用水冲洗剩留在筛上的细粒，并将0.080mm筛放在水中（使水面略高出筛中砂粒的上表面）来回摇动，以充分洗除小于0.080mm的颗粒。然后，将两只筛上剩余的颗粒和筒中已洗净的试样一并装入浅盘。置于温度为（105±5）℃的烘箱中烘干至恒重，取出来冷却至室温后，称试样的质量（m_1）。

③ 结果计算。

砂的含泥量ω_c应按下式计算（精确至0.1%）：

$$\omega_c = \frac{m_0 - m_1}{m_0} \times 100\%$$

式中　ω_c——含泥量（%）；

m_0——试验前的烘干试样质量（g）；

m_1——试验后的烘干试样质量（g）。

以两个试样试验结果的算术平均值作为测定值。当两次结果的差值超过0.5%时，应重新取样进行试验。

（3）泥块含量检验。

① 主要仪器设备。

试验筛、天平和电热鼓风干燥箱等。

② 检验步骤。

a. 将样品在潮湿状态下用四分法缩分至约5000g，置于温度为（105±5）℃的烘箱中烘干至恒重，冷却至室温后，用1.25mm筛筛分，取筛上的砂400g分为两份备用。

b. 称取试样200g（m_1）置于容器中，并注入饮用水，使水面高出砂面约150mm。充分拌和均匀后，浸泡24h，然后，用手在水中碾碎泥块，再把试样放在0.630mm筛上，用水淘洗，直至水清澈为止。

c. 保留下来的试样应小心地从筛里取出，装入浅盘后，置于温度为（105±5）℃的烘箱中烘干至恒重，冷却后称重（m_2）。

③ 结果计算。

砂中泥块含量$\omega_{c,L}$应按下式计算（精确至0.1%）：

$$\omega_{c,L} = \frac{m_1 - m_2}{m_1} \times 100\%$$

式中 $\omega_{c,L}$——砂的泥块含量（%）；

m_1——试验前的干燥试样质量（g）；

m_2——试验后的干燥试样质量（g）。

以两个试样试验结果的算术平均值作为测定值。当两次结果的差值超过0.4%时，应重新取样进行试验。

(4) 含水率检验（快速法）。

① 主要仪器设备。

天平、电磁炉、炒锅或炒盘等。

② 检验步骤。

a. 称量干净的炒盘质量（m_1），向干净的炒盘中加入500g试样，称取试样与炒盘的总重（m_2）。

b. 置炒盘于电炉上，用小铲不断翻拌试样，试样表面全部干燥后，切断电源，再继续翻拌1min，稍予冷却（以免损坏天平）后，称干样与炒盘的总重（m_3）。

③ 结果计算。

砂的含水率 ω_{wc} 应按下式计算（精确至0.1%）：

$$\omega_{wc} = \frac{m_2 - m_3}{m_3 - m_1} \times 100\%$$

式中 ω_{wc}——含水率，（%）；

m_1——炒盘质量（g）；

m_2——未烘干的试样与炒盘的总重（g）；

m_3——烘干后的试样与炒盘的总重（g）。

以两个试样试验结果的算术平均值作为测定值。

(5) 亚甲蓝检验（快速法）。

① 主要仪器设备。

亚甲蓝试验搅拌器、滤纸、玻璃棒、玻璃容量瓶、试验筛、天平、电热鼓风干燥箱等。

② 检验步骤。

a. 亚甲蓝溶液的配制：将亚甲蓝粉末在(105±5)℃下烘干至恒重，称取烘干亚甲蓝粉末10g，精确至0.01g，倒入盛有约600mL蒸馏水（水温加热至35～40℃）的烧杯中，用玻璃棒持续搅拌40min，直至亚甲蓝粉末完全溶解，冷却到20℃。将溶液倒入1L容量瓶中，用蒸馏水淋洗烧杯及玻璃棒，使所有亚甲蓝溶液全部移入容量瓶，容量瓶和溶液的温度应保持在(20±1)℃，加蒸馏水至容量瓶1L刻度。震荡容量瓶以保证亚甲蓝粉末完全溶解。将容量瓶中溶液移入深色存储瓶中，标明制备日期、失效日期（亚甲蓝溶液保质期应不超过28d），并置于阴暗处保存。

b. 将样品缩分至400g，放在烘箱中于(105±5)℃下烘干至恒重，待冷却至室温后，筛除公称直径大于5.00mm的颗粒备用。

c. 称取试样200g，精确至1g。将试样倒入盛有(500±5)mL蒸馏水的烧杯中，用叶轮搅拌机以(600±60)r/min转速搅拌5min，形成悬浮液，然后以(400±40)r/min转速持续搅拌,直至试验结束。

d. 一次性向烧杯中加入 30mL 亚甲蓝溶液,以(400±40)r/min 转速持续搅拌 8min。然后用玻璃棒蘸取一滴悬浮液,滴于滤纸上,观察沉淀物周围是否出现明显色晕,出现色晕的为合格,否则不合格。

③ 石粉含量与含泥量的检测方法完全相同。

165. 碎石质量控制指标有哪些具体要求

(1) 主要控制项目。

碎石主要控制项目应包括颗粒级配、针片状颗粒含量、含泥量、泥块含量、压碎值指标和坚固性,用于高强度混凝土的粗骨料的主要控制项目还应包括岩石抗压强度。

(2) 碎石应用应符合的规定。

① 混凝土粗骨料宜采用连续级配。

② 对于结构混凝土,粗骨料最大公称粒径不得大于构件截面最小尺寸的 1/4,且不大于钢筋最小净间距的 3/4;混凝土实心板,粗骨料的最大公称粒径不宜大于板厚的 1/3,且不得大于 40mm;大体积混凝土粗骨料最大公称直径不宜小于 31.5mm。

③ 对有抗渗、抗冻、抗腐蚀、耐磨或其他特殊要求的混凝土粗骨料中的含泥量和泥块含量分别不应大于 1.0% 和 0.5%;坚固性检验的质量损失不应大于 8%。

④ 对于高强混凝土,粗骨料的岩石强度应至少比混凝土设计强度高 30%;最大粒径不宜大于 25mm,针片状颗粒含量不宜大于 5% 且不应大于 8%;含泥量和泥块含量分别不应大于 0.5% 和 0.2%。

⑤ 对粗骨料或用于制作粗骨料的岩石,应进行碱活性检验,包括碱-硅酸盐反应活性检验和碱-碳酸盐反应活性检验;对于有预防混凝土碱-骨料反应要求的混凝土工程,不宜采用有碱活性的粗骨料。

166. 碎石基本性能的检验项目有哪些

碎石进场的必检项目包括筛分析、含泥量、泥块含量等。详细、规范、具体的检测方法可执行《普通混凝土用砂、石质量及检验方法标准》(JGJ 52—2006),简述如下:

(1) 筛分析试验检测

① 主要仪器设备。

方孔套筛、电热恒温鼓风干燥箱、天平、浅盘、刷子等。

② 检验步骤。

a. 筛分析试验检测前,用四分法将样品缩分至略重于表 2-29 所规定的试样所需量,烘干或风干后备用。

表 2-29 砂筛分试验检测需要的最少试样量

最大公称粒径(mm)	10.0	16.0	20.0	25.0	31.5
试样质量不少于(kg)	2	3.2	4	5	6.3

b. 按表 2-29 的规定称取试样。将试样按筛孔大小顺序过筛,当每号筛上筛余层的

厚度大于试样的最大粒径值时,应将该号筛上的筛余分成两份,再次进行筛分,直至各筛每分钟的通过量不超过试样质量的 0.1%。

c. 称取各筛筛余的质量,精确至试样总质量的 0.1%。在筛上的所有分计筛余量和筛底剩余的总和与筛分前测定的试样总质量相比,其差不得超过 1%。

③ 结果计算。

筛分析试验结果应按下列步骤计算:

a. 由各筛上的筛余量除以试样总质量计算得出该号筛的分计筛余百分率(精确至 0.1%)。

b. 每号筛计算得出的分计筛余百分率与大于该筛筛号各筛的分计筛余百分率相加,计算得出其累计筛余百分率(精确至 1%)。

(2) 含泥量检验。

① 主要仪器设备。

天平、电热式鼓风干燥箱、筛(孔径 1.25mm 和 0.08mm 各一个)、瓷盘和浅盘等。

② 检验步骤。

a. 检验前,用四分法缩分至不少于表 2-30 规定的量(注意防止细粉丢失),并在 (105±5)℃的烘箱中烘至恒重,冷却至室温后分成两份备用。

表 2-30　含泥量试验所需试样的最少质量

最大公称粒径(mm)	10.0	16.0	20.0	25.0	31.5
试样质量不少于(kg)	2	2	6	6	10

b. 称取试样一份(m_0)装入容器中摊平,并注入饮用水,使水面高出石表面 150mm,用手在水中淘洗颗粒,使尘屑、淤泥和黏土与较粗颗粒分离,并使之悬浮或溶解于水中。缓缓地将浑浊液倒入 1.25mm 及 0.080mm 的套筛(1.25mm 筛放置在上面),滤去小于 0.080mm 的颗粒。试验前筛的两面应先用水湿润。在整个试验过程中应注意避免大于 0.080mm 的颗粒丢失。

c. 再次加水于容器中,重复上述过程,直至洗出的水清澈为止。

d. 用水冲洗剩留在筛上的细粒,并将 0.080mm 筛放在水中(使水面略高出筛内颗粒)来回摇动,以充分洗除小于 0.080mm 的颗粒。然后,将两只筛上剩余的颗粒和筒中已洗净的试样一并装入浅盘,置于温度为 (105±5)℃的烘箱中烘干至恒重,取出冷却至室温后,称取试样的质量(m_1)。

③ 结果计算。

碎石的含泥量 ω_c 应按下式计算(精确至 0.1%):

$$\omega_c = \frac{m_0 - m_1}{m_0} \times 100\%$$

式中　ω_c——含泥量(%);

m_0——试验前的烘干试样质量(g);

m_1——试验后的烘干试样质量(g)。

以两个试样试验结果的算术平均值作为测定值。当两次结果的差值超过 0.2% 时,应重新取样进行试验。

(3) 泥块含量检验。

① 主要仪器设备。

天平、电热式鼓风干燥箱、筛(孔径2.50mm和5.00mm各一个)、瓷盆和浅盘等。

② 检验步骤。

a. 将样品用四分法缩分至表2-29规定的样量，缩分应注意防止所含黏土块被压碎，并置于温度为(105±5)℃的烘箱中烘干至恒重，冷却至室温后分成两份备用。

b. 筛去5mm以下颗粒，称重(m_1)。

c. 将试样在容器中摊平，并注入饮用水，使水面高出石表面，24h后把水放出，用手碾压泥块，然后把试样放在2.50mm筛上摇动淘洗，直到洗出的水清澈为止。

d. 将筛上的试样小心地从筛里取出，置于温度为(105±5)℃的烘箱中烘干至恒重，取出冷却至室温后称重(m_2)。

③ 结果计算。

碎石的泥块含量$\omega_{c,1}$应按下式计算(精确至0.1%)：

$$\omega_{c,1} = \frac{m_1 - m_2}{m_1} \times 100\%$$

式中　$\omega_{c,1}$——泥块含量(%)；

m_1——5.00mm筛的筛余量(g)；

m_2——试验后烘干试样的质量(g)。

以两个试样试验结果的算术平均值作为测定值。当两次结果的差值超过0.2%时，应重新取样进行试验。

167. 外加剂质量控制指标有哪些

(1) 主要控制项目。

① 外加剂主要控制项目应包括掺外加剂混凝土性能和外加剂匀质性两方面，掺外加剂混凝土性能方面的主要控制项目应包括减水率、凝结时间差和抗压强度比，外加剂匀质性方面的主要控制项目应包括pH值、氯离子含量和碱含量。

② 引气剂和引气减水剂主要控制项目还应包括含气量。

③ 防冻剂主要控制项目还应包括含气量和五十次冻融强度损失率比。

④ 膨胀剂主要控制项目还应包括凝结时间、限制膨胀率和抗压强度。

(2) 外加剂应用应符合的规定。

① 外加剂应与水泥具有良好的适应性，其种类和掺量应经试验确定。

② 高强混凝土宜采用高效能减水剂；有抗冻要求的混凝土宜采用引气剂或引气减水剂；大体积混凝土宜采用缓凝剂或缓凝减水剂；混凝土冬期施工可采用防冻剂。

③ 外加剂中氯离子含量和碱含量应满足混凝土设计要求。

④ 宜采用液态外加剂。

168. 减水剂进场的基本性能检验有哪些

减水剂进场的必检项目主要包括密度、固含量、减水剂和水泥相容性等。详细、规范、具体的检测方法可执行《混凝土外加剂匀质性试验方法》(GB/T 8077—2012)和

行业标准《水泥与减水剂相容性试验方法》(JC/T 1083—2008),简述如下:

(1) 密度检测。

① 主要试验仪器。

密度计(波美比重计和精密密度计)、超级恒温器或同等条件的恒温设备、烧杯、玻璃量筒(500mL、1L)等。

② 环境条件。

a. 实验室环境温度为(20±2)℃。

b. 被测溶液温度为(20±1)℃。

③ 检验方法。

先以波美比重计测出溶液的密度,再参考波美比重计所测的数据,以精密密度计准确测出试样的密度(ρ)值。

④ 试验步骤。

a. 将被测外加剂溶液放入恒温设备中,静置恒温。

b. 将已恒温的外加剂倒入500mL玻璃量筒内,以波美比重计插入溶液中测出该溶液的密度。

c. 参考波美比重计所测溶液的数据,选择这一刻度范围的精密密度计插入溶液中,溶液凹液面与精密密度计相齐的刻度即为该溶液的密度值。

⑤ 结果表示。

测得的数据即为20℃时外加剂溶液的密度,用两次试验结果平均值作为测定结果。

(2) 含固量检测。

① 主要试验仪器。

万分之一电子天平、鼓风电热恒温烘干箱(温度范围为0~200℃)或可调控红外微波炉、带盖称量瓶(25mm×65mm)或带盖坩埚、干燥器(内盛变色硅胶)、胶头滴管、烧杯等。

② 环境条件。

a. 实验室环境温度为(20±2)℃。

b. 被测溶液温度为(20±2)℃。

③ 检验方法提要。

将已恒重的称量瓶内放入被测试样于一定的温度下烘干至恒重。

④ 检验步骤。

a. 将洁净带盖称量瓶放入烘箱内,于100~105℃烘30min,取出置于干燥器内,冷却30min后称量,重复上述步骤直至恒重,其质量为m_0。

b. 将被测试样装入已经恒重的称量瓶内,盖上盖称出试样及称量瓶的总质量m_1。液体产品:3.0000~5.0000g。

c. 将盛有试样的称量瓶放入烘箱,开启瓶盖,升温至100~105℃烘干(特殊品种除外,如聚羧酸类减水剂宜采用微波加热烘干),盖上盖置于干燥器内冷却30min后称量,重复上述步骤直至恒重,其质量为m_2。

⑤ 结果表示。

固体含量 $X_{固}$ 按下式计算：

$$X_{固}=\frac{m_2-m_0}{m_1-m_0}\times100$$

式中　$X_{固}$——固体含量（%）；

m_0——称量瓶的质量（g）；

m_1——称量瓶加试样的质量（g）；

m_2——称量瓶加烘干试样的质量（g）。

用两次试验结果平均值作为测定结果。

（3）减水剂和水泥相容性检测（净浆流动度法）。

① 主要仪器设备。

水泥净浆搅拌机、金属圆模（上口内径 36mm，下口内径 60mm，高 60mm）、天平、玻璃板、搅拌锅若干等。

② 主要材料。

水泥、减水剂。

③ 净浆配比。

按表 2-31 进行称量。

表 2-31　每锅净浆的配合比

水泥（g）	水（g）	水灰比	减水剂（%）
500	145	0.29	0.4、0.6、0.8、1.0、1.2、1.4
备注	\multicolumn{3}{l}{1. 根据水泥和减水剂的实际情况，可以调整、增加或减少减水剂的掺量 2. 当使用液态减水剂时，应在加水量中减去液态减水剂的含水量}	

④ 检验步骤。

a. 每锅浆体用搅拌机搅拌。试验前搅拌机处于工作状态。

b. 将玻璃板置于工作台上，并保持其表面水平。

c. 用湿布把玻璃板、圆模内壁、搅拌锅、搅拌叶全部润湿。将圆模置于玻璃板的中间位置，并用湿布覆盖。

d. 将基准减水剂和 1/2 的水同时加入锅中，然后用剩余的水反复冲洗盛装基准减水剂的容器直至干净并全部加入锅中，加入水泥，把锅固定在搅拌机上，按程序搅拌。

e. 将锅取下，用搅拌勺边搅拌边将浆体立即倒入置于玻璃板中间位置的圆模内。对于流动性差的浆体要用刮刀进行插捣，以使浆体充满圆模。用刮刀将高出圆模的浆体刮出并抹平，立即稳定提起圆模。圆模提起后，应用刮刀将黏附于圆模内壁上的浆体尽量刮下，以保证每次试验的浆体量基本相同。提起圆模 1min 后，用卡尺测量最长径及其垂直方向的直径，两者的平均值即为初始流动度值。

f. 快速将玻璃板上的浆体用刮刀无遗留地回收到搅拌锅内，并采取适当的方法密封静置以防水分蒸发。

g. 清洁玻璃板、圆模。

h. 调准基准减水剂掺量,重复上述步骤,依次测定基准减水剂各掺量下的初始流动度值。

i. 自加水泥起到 60min 时,将静置的水泥浆体按程序重新搅拌,重复第 e 条依此测定基准减水剂各掺量下的 60min 流动度。

⑤ 数据处理。

a. 饱和点掺量的确定。

以减水剂掺量为横坐标、净浆流动度为纵坐标做曲线图,然后做两直线段曲线的趋势线,两趋势线交叉点的横坐标即为饱和点掺量,如图 2-12 所示。

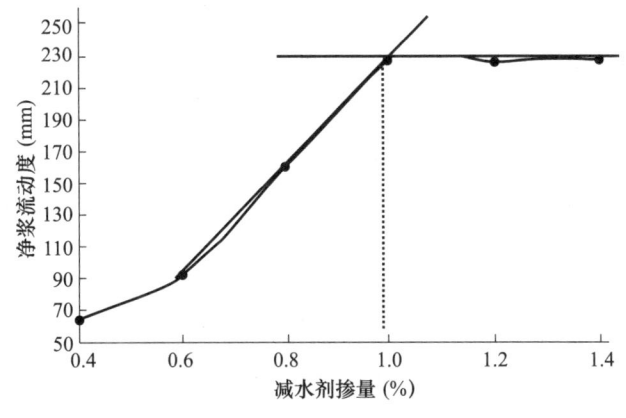

图 2-12 饱和点掺量示意图

b. 经时损失。

经时损失用初始净浆流动度与 60min 净浆流动度的差值表示。饱和点掺量及经时损失越小,水泥和减水剂的相容性越好。

2.3.2 混凝土知识

169. 预拌混凝土的出厂检验与交货检验有何差别

根据《预拌混凝土》(GB/T 14902—2012)的规定,预拌混凝土质量检验分为出厂检验和交货检验。出厂检验的取样和试验工作应由供方承担;交货检验的取样和试验工作应由需方承担,当需方不具备试验和人员的技术资质时,供需双方可协商确定并委托有检验资质的单位承担,并应在合同中予以明确。预拌混凝土质量验收应以交货检验结果为依据。

(1) 检验项目。

① 常规品应检验混凝土强度、拌和物坍落度和设计要求的耐久性能。

② 掺有引气型外加剂的混凝土还应检验拌和物的含气量。

③ 特制品除应检验前述项目外,还应按相关标准和合同规定检验其他项目。

(2) 取样与检验频率。

混凝土出厂检验应在搅拌地点取样;混凝土交货检验应在交货地点取样,交货检验试样应随机从同一运输车卸料量的 1/4 至 3/4 之间抽取。混凝土交货检验取样及坍落度试验应在混凝土运到交货地点时开始算起 20min 内完成,试块制作应在混凝土运到交货地点时开始算起 40min 内完成。

混凝土强度检验的取样频率应符合下列规定:

① 出厂检验时,每 100 盘相同配合比混凝土取样不应少于 1 次,每一个工作班相同配合比混凝土达不到 100 盘时应按 100 盘计,每次取样应至少进行一组试验(一般习惯同时至少留置两组标养试块,一组检验龄期为 7d,用于及早预判混凝土强度;另一组检验龄期为 28d,用于强度评定)。

② 交货检验的取样频率应符合《混凝土强度检验评定标准》(GB/T 50107—2010)的规定。每次取样应至少留置一组试块用于强度评定;必要时也可以同时留置一组或几组同条件养护试块,用于实体检验或评定构件能否继续施工(如拆模或张拉等)。

③ 混凝土坍落度检验的取样频率应与强度检验相同。

170. 混凝土拌和物性能指标的具体要求是什么

(1) 混凝土拌和物在满足施工要求的前提下,尽可能采用较小的坍落度;泵送混凝土拌和物坍落度设计值不宜大于 180mm。

(2) 泵送高强混凝土的扩展度不宜小于 500mm;自密实混凝土的扩展度不宜小于 600mm。

(3) 混凝土拌和物的坍落度经时损失不应影响混凝土的正常施工。泵送混凝土拌合物的坍落度经时损失不宜大于 30mm/h。

(4) 混凝土拌和物应有良好的和易性,并不得离析或泌水。

(5) 混凝土拌和物的凝结时间应满足施工时间和混凝土性能要求。

171. 混凝土拌和物常用性能的检验项目及检验方法有哪些

混凝土拌和物最常检验的性能就是坍落度及其扩展度和表观密度。详细、规范、具体的检测方法执行《普通混凝土拌和物性能试验方法标准》(GB/T 50080—2016),简述如下:

(1) 混凝土坍落度及其扩展度的检测。

① 主要试验仪器。

坍落度筒、捣棒、钢尺(量程不应小于 1000mm,分度值不应大于 1mm)。

② 检验步骤。

a. 坍落度筒内壁和底板应润湿无明水;底板应放置在坚实水平面上,并把坍落度筒放在底板中心,然后用脚踩住两边的脚踏板,坍落度筒在装料时应保持在固定的位置。

b. 混凝土拌和物试样应分三层均匀地装入坍落度筒内,每装一层混凝土拌和物,应用捣棒由边缘到中心按螺旋方向均匀插捣二十五次,捣实后每层混凝土拌和物试样高度约为筒高的 1/3;

c. 插捣底层时,捣棒应贯穿整个深度,插捣第二层和顶层时,捣棒应插透本层至下一层的表面。

d. 顶层混凝土拌和物装料应高出筒口，插捣过程中，混凝土拌和物低于筒口时，应随时添加。

e. 顶层插捣完后，取下装料漏斗，应将多余混凝土拌和物刮去，并沿筒口抹平。

f. 清除筒边底板上的混凝土后，应垂直平稳地提起坍落度筒，并轻放于试样旁边；当试样不再继续坍落或坍落时间达30s时，用钢尺测量出筒高与坍落后混凝土试体最高点之间的高度差，作为该混凝土拌和物的坍落度值。

g. 当混凝土拌和物不再扩散或扩散持续时间已达50s时，应使用钢尺测量混凝土拌和物展开扩展面的最大直径以及与最大直径呈垂直方向的直径，当两直径之差小于50mm时，应取其算术平均值作为扩展度试验结果；当两直径之差不小于50mm时，应重新取样另行测定。

h. 坍落度筒的提离过程宜控制在3~7s；从开始装料到提坍落度筒的整个过程应连续进行，并应在150s内完成。

③ 结果处理。

a. 测量应精确至1mm，结果修约至5mm。

b. 发现粗骨料在中央堆集或边缘有浆体析出时，应记录说明。

一般来说，混凝土拌和物的坍落度和坍落扩展度的比值在0.4左右，说明混凝土和易性良好，过大偏黏稠，太小容易离析、泌水。坍落度和坍落扩展度之间的比值关系如图2-13所示。

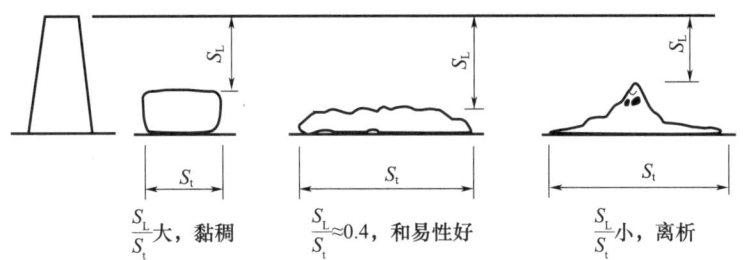

图2-13 坍落度和坍落扩展度之间的比值关系

根据混凝土生产、运输和施工时间的要求，拌和物的坍落度和坍落扩展度的经时损失性能，可以反映混凝土拌和物的和易性在高温、经时等条件下的保持能力，一般通过优选原材料并采用保塑性能良好的外加剂来实现。

(2) 表观密度检验。

① 主要试验仪器。

容量筒（不小于5L）、电子天平（最大量程应为50kg，感量不应大于10g）、振动台、捣棒。

② 容量筒校正。

a. 应将干净容量筒与玻璃板一起称重。

b. 将容量筒装满水，缓慢将玻璃板从筒口一侧推到另一侧，容量筒内应装满水并且不应存在气泡，擦干容量筒外壁，再次称重。

c. 两次称重结果之差除以该温度下水的密度应为容量筒容积（V）；常温下水的密

度可取 1kg/L。

d. 容量筒内外壁应擦干净，称出容量筒质量（m_1），精确至 10g。

③ 检验步骤。

a. 当坍落度不大于 90mm 时，混凝土拌和物宜用振动台振实；振动台振实时，应一次性将混凝土拌和物装填至高出容量筒筒口；装料时可用捣棒稍加插捣，振动过程中当混凝土低于筒口时，应随时添加混凝土，振动直至表面出浆为止。

b. 当坍落度大于 90mm 时，混凝土拌和物宜用捣棒插捣密实。插捣时，应根据容量筒的大小决定分层与插捣次数：用 5L 容量筒时，混凝土拌和物应分两层装入，每层的插捣次数应为二十五次；用大于 5L 的容量筒时，每层混凝土的高度不应大于 100mm，每层插捣次数应按每 10000mm² 截面不小于十二次计算。各次插捣应由边缘向中心均匀地插捣，插捣底层时捣棒应贯穿整个深度，插捣第二层时，捣棒应插透本层至下一层的表面；每一层捣完后用橡皮锤沿容量筒外壁敲击 5~10 次，进行振实，直至混凝土拌和物表面插捣孔消失并不见大气泡为止。

c. 自密实混凝土应一次性填满，且不应进行振动和插捣。

d. 将筒口多余混凝土拌和物刮去，表面有凹陷应填平，将容量筒外壁擦净，称出混凝土拌和物试样与容量筒总质量（m_2），精确至 10g。

④ 数据处理。

混凝土拌和物表观密度按下式计算：

$$\rho = \frac{m_2 - m_1}{V} \times 1000$$

式中　ρ——混凝土拌和物表观密度（kg/m³），精确至 10kg/m³；

m_1——容量筒质量（kg）；

m_2——容量筒和试样总质量（kg）；

V——容量筒容积（L）。

172. 如何检验混凝土抗压强度

抗压强度是混凝土最重要的力学性能指标，从混凝土的试模校验、取样、试块制作、养护到试压，每一个环节都严重影响检验结果的准确性。详细、规范、具体的检测方法执行《混凝土物理力学性能试验方法标准》（GB/T 50081—2019），简述如下：

（1）仪器设备。

① 试模应符合《混凝土试模》（JG/T 237—2008）的有关规定，当混凝土强度等级不低于 C60 时，宜采用铸铁或铸钢试模成型。应定期对试模进行自检，自检周期宜为三个月。

② 振动台应符合《混凝土试验用振动台》（JG/T 245—2009）的有关规定，振动频率应为（50±2）Hz，空载时振动台面中心点的垂直振幅应为（0.5±0.02）mm，应具有有效期内的计量检定证书。

③ 捣棒应符合《混凝土坍落度仪》（JG/T 248—2009）的有关规定，直径应为（16±0.2）mm，长度应为（600±5）mm，端部呈半球形。

④ 橡皮锤头的质量约为0.25kg。

⑤ 压力机应符合《液压式万能试验机》(GB/T 3159—2008)和《试验机 通用技术要求》(GB/T 2611—2022)中的有关规定，应具有有效期内的计量检定证书。

(2) 取样。

① 每组试块所用的拌和物应从同一盘混凝土或同一车混凝土中取样。

② 取样或实验室拌制的混凝土应在取样或拌制后在尽短的时间内成型，一般不宜超过15min。

(3) 试块制作。

① 试块成型前，应检查试模的尺寸；应将试模清擦干净，在其内壁上均匀地涂刷一薄层矿物油或其他不与混凝土发生反应的脱模剂，试模内壁脱模材料应均匀分布，不应有明显沉积。

② 取样或拌制好的混凝土拌和物应至少用铁锹再来回拌和三次。

③ 在确保混凝土充分密实，避免分层离析的原则下，根据混凝土拌和物的坍落度确定适宜的成型方法。

④ 用振动台振实制作试块应按下列方法进行：

a. 将混凝土拌和物一次装入试模，装料时应用抹刀沿试模内壁插捣，并使混凝土拌和物高出试模上口。

b. 试模应附着或固定在振动台上，振动时应防止试模在振动台上自由跳动，振动应持续到表面出浆且无明显大气泡溢出为止，不得过振。

⑤ 用人工插捣制作试块应按下述方法进行。

a. 混凝土拌和物应分两层装入模内，每层的装料厚度大致相等。

b. 插捣应按螺旋方向从边缘向中心均匀进行。在插捣底层混凝土时，捣棒应达到试模底部；插捣上层时，捣棒应贯穿上层后插入下层20～30mm；插捣时捣棒应保持垂直，不得倾斜。然后应用抹刀沿试模内壁插拔数次。

c. 每层插捣次数按在10000mm^{2}截面积内不得少于十二次，截面尺寸100mm×100mm的试块每层插捣次数不得少于十二次，截面尺寸150mm×150mm的试块每层插捣次数不得少于二十七次。

d. 插捣后应用橡皮锤轻轻敲击试模四周10～15下，直至插捣棒留下的空洞消失为止。

⑥ 用插入式振捣棒振实制作试块应按下述方法进行：

a. 将混凝土拌和物一次装入试模，装料时应用抹刀沿试模内壁插捣，并使混凝土拌和物高出试模上口。

b. 宜用直径为ϕ25mm的插入式振捣棒，插入试模振捣时，振捣棒距试模底板10～20mm且不得触及试模底板，振动应持续到表面出浆且无明显大气泡溢出为止，不得过振；一般振捣时间为20s。振捣棒拔出时要缓慢，拔出后不得留有孔洞。

⑦ 自密实混凝土应分两次将混凝土拌和物装入试模，每层的装料厚度宜相等，中间间隔10s，混凝土应高出试模口，不应使用振动台或插捣方法成型。

⑧ 试块成型后刮除试模上口多余的混凝土，待混凝土临近初凝时间结束时，用抹

刀沿着试模口抹平。试块表面与试模边缘的高度差不得超过0.5mm。

⑨制作的试块应有明显和持久的标记,且不破坏试块。

(4) 试块养护。

① 试块成型抹面后应立即用塑料薄膜覆盖表面,或采取其他保持试块表面湿度的方法。

② 试块成型后应在温度为(20±2)℃、相对湿度大于50%的室内静置1~2昼夜,试块静置期间应避免受到振动和冲击,静置后编号标记、拆模,当试块有严重缺陷时,应按废弃处理。

③ 试块拆模后应立即放入温度为(20±2)℃,相对湿度为95%以上的标准养护室中养护,或在温度为(20±2)℃的不流动的氢氧化钙饱和溶液中养护。标准养护室内的试块应放在支架上,彼此间隔10~20mm,试块表面应保持潮湿,并不得用水直接冲淋试块。

(5) 试块试压。

① 试块到达试验龄期时,从养护地点取出后,应检查其尺寸及形状,可通过称重法检查每组中试块的一致性;试块取出后应尽快进行试验,为避免湿度发生变化,试验前宜采用湿毛巾等覆盖试块,保持试块潮湿状态。

② 试块放置于试验机前,应将试块表面与上、下承压板面擦拭干净。

③ 以试块成型时的侧面为承压面,将试块安放在试验机的下压板或垫板上,试块的中心应与试验机下压板中心对准。

④ 开动试验机,试块表面与上下承压板或钢垫板应均匀接触。

⑤ 在试验过程中应连续均匀地加荷,加荷速度应取0.3~1.0MPa/s。当立方体抗压强度小于30MPa时,加荷速度宜取0.3~0.5MPa/s;当立方体抗压强度为30~60MPa时,加荷速度宜取0.5~0.8MPa/s;当立方体抗压强度不小于60MPa时,加荷速度宜取0.8~1.0MPa/s。

⑥ 手动控制试验机加荷速度时,当试块接近破坏开始急剧变形时,应停止调整试验机油门,直至破坏。然后记录破坏荷载。

(6) 数据处理。

① 立方体试块抗压强度值的计算和确定按如下方式进行:

$$f_{cc} = \frac{F}{A}$$

式中 f_{cc}——混凝土立方体试块抗压强度(MPa),计算结果应精确至0.1MPa;

F——试块破坏荷载(N);

A——试块承压面积(mm^2)。

② 强度值的确定应符合下列规定

a. 三个试块测值的算术平均值作为该组试块的强度值,精确至0.1MPa。

b. 三个测值中的最大值或最小值中如有一个与中间值的差值超过中间值的15%,则把最大值及最小值一并舍除,取中间值作为该组试块的抗压强度值。

c. 如最大值和最小值与中间值的差均超过中间值的15%,则该组试块的试验结果无效。

③ 当混凝土强度等级低于 C60 时,用非标准试块测得的强度值均应乘以尺寸换算系数,200mm×200mm×200mm 试件的尺寸换算系数为 1.05;100mm×100mm×100mm 试块的尺寸换算系数为 0.95。当混凝土强度等级不低于 C60 时,宜采用标准试块;使用非标准试块时,尺寸换算系数应由试验确定。

2.3.3 混凝土制备

173. 如何调整与计算混凝土生产配合比

正常情况下,在确定生产配合比后,由于各种原因,在生产过程中还需要对配合比进行调整。主要原因有如下几个方面:

(1) 砂、石质量发生变化。

砂、石含水量发生变化时要及时调整生产用水量;当砂细度模数 M_x 发生变化时,一般每变化 0.2,砂率相应增减 1%～2%;砂、石级配不合格或采用单级配时,砂率应适当提高 2%～3%,因此,生产过程中要求质检人员经常性查看料场原材料情况,根据实际情况有效控制混凝土质量。

(2) 胶凝材料和用水量发生变化。

通过实验室的复试可以发现水泥标准稠度用水量的变化,一般当水泥标准稠度用水量波动 0.1% 时,混凝土用水量波动 3～5kg/m³。

矿物掺合料需水量的变化直接影响混凝土的坍落度,当粉煤灰需水量变化 1% 时,减水剂减水率需要调整 1%,才能保证混凝土初始坍落度不发生变化。

(3) 外加剂减水率发生变化。

外加剂减水率的变化对混凝土用水量的影响非常显著,当减水率升高时,用水量减少,水胶比降低,混凝土强度提高。但是减水率过高会使混凝土对用水量变化十分敏感,难以控制,混凝土拌和物很容易出现离析、泌水现象。

(4) 坍落度损失的变化。

运输距离、运输时间、气候、施工速度等的变化常常会引起混凝土坍落度损失的变化。运输时间长、温度高、气候干燥,坍落度损失就大;反之,坍落度损失就小。在炎热环境下,混凝土拌和物的需水量随温度升高而增加,其增加的需水量可用下列经验公式得出:$W=(t-20)\times 0.7$(t 为混凝土处于高温季节施工时的温度)。在夏季气温高于 20℃ 时,为使坍落度损失保持不变,温度每增加 10～15℃,应增加用水量 2%～4% 或增加外加剂掺量 0.1%～0.2%;运输距离每增加 10～15km,用水量增加 5～8kg 或外加剂掺量增加 0.1%～0.2%。也可采用二次添加外加剂或对集料浇水降温的办法,减小坍落度损失。需要提醒注意的是,在增加用水量的同时,必须保持水胶比不变,相应增加胶凝材料的用量。

(5) 现场施工需要。

施工现场由于浇筑部位不同,对混凝土坍落度要求也不一样,例如大体积混凝土施工时,在后期为了有利于收尾(头)或因泵送距离缩短可适当减小坍落度。

混凝土配合比调整的基本要求：

(1) 调整要有足够的理由和依据，防止随意调整。

(2) 调整应不影响混凝土质量，通常情况下，调整过程中混凝土水胶比不能发生变化。但在实际生产过程中确实存在实际用水量与配合比设计用水量的差别，使水胶比发生改变。在混凝土生产过程中控制混凝土质量的核心内容是控制生产用水量，使混凝土实际水胶比在±0.02范围以内浮动，保证混凝土质量的稳定性。

(3) 调整配合比必须由质检员按规定程序进行。操作员只能在允许的材料范围内进行增减调整，如砂率±2%、用水量不低于5kg/m³、外加剂用量±0.2%。胶凝材料原则上只有技术负责人有权调整。

(4) 配合比调整需要做好记录，便于以后质量追溯。

174. 剩退料混凝土如何处理

剩退料是预拌混凝土在生产施工过程不可避免的产物，因为施工计划、机械故障或拌和物性能的变化等，导致部分甚至整车混凝土在工地退回的现象经常发生。如果简单地将剩退混凝土进行分离或弃置，不但造成物料的浪费，而且造成环境污染，因此需要最大限度地予以调整利用。

调整步骤：由调度人员和质检人员确定工地混凝土的剩余数量、强度等级、出厂时间、当前性能等基本信息，初步判断是否可以调整利用，由调度人员向质检人员提供可发货的工程任务信息，确定可选的调整转发工地，拟订调整方案后，由调度人员安排执行。

调整原则：为保证工程质量，一般遵循"一次性降级至次要部位"的原则。一次性是指剩退的混凝土通过调整转发，如再次产生剩退，则不再进行调整使用；降级原则是指调整转发的混凝土一般要降低一到两个强度等级，且剩料在调整后的总方量中不能超过80%；次要部位原则是指调整后转发的混凝土优先使用的次要结构工程部位，不会对主体结构安全造成影响。

为确保工程质量，当剩退混凝土严重超时或无合适工地调整时，不可强行调整使用，须遵循一定的流程进行报废处理。

175. 原材料的二次投料法有哪几类

按照投料先后顺序的不同，二次投料法又可以分为预拌净浆法、预拌砂浆法和水泥裹砂（SEC）法三种方式。

(1) 预拌净浆法。先将胶凝材料、水和外加剂充分搅拌成均匀的净浆后，再加入砂和石搅拌成混凝土。

(2) 预拌砂浆法。将胶凝材料、砂、水和外加剂加入搅拌筒内进行搅拌，成为均匀的砂浆后，再加入石搅拌成均匀的混凝土。采用这种投料方法时，砂浆中无粗骨料，便于搅拌均匀；粗骨料投入后，易被砂浆均匀包裹，有利于混凝土强度提高；减少粗骨料对叶片及衬板的磨损；可节省电能，不致超出额定电流。该方法的不足之处是搅拌干硬性混凝土时，砂浆易粘筒壁，不易搅拌均匀，故需适当延长搅拌时间。

(3) 水泥裹砂（SEC）法。该方法首先调节搅拌机中砂的含水率为15%～25%，然后投入水泥（或胶凝材料）搅拌成 SEC 砂浆，使水泥（或胶凝材料）均匀分散在砂表面，形成浆壳，然后再加入石和剩余的水进行搅拌。在二次加水进行二次搅拌时，砂周围的浆壳与二次水充分混合，形成分散性良好的砂浆并填充到骨料之间的空隙中，同时净浆由于受到 SEC 骨料的约束，使水分的移动也受到制约，因而使泌水量几乎为零，骨料的离析概率也极小，所以使混凝土的性能得到了改善。

水泥裹砂法是日本大成建设株式会社和利布昆尼阿林库株式会社研制出来的一种制备混凝土拌和物的方法。制备 SEC 混凝土，采用两阶段工艺（两次搅拌）最合适，如图 2-14 所示。

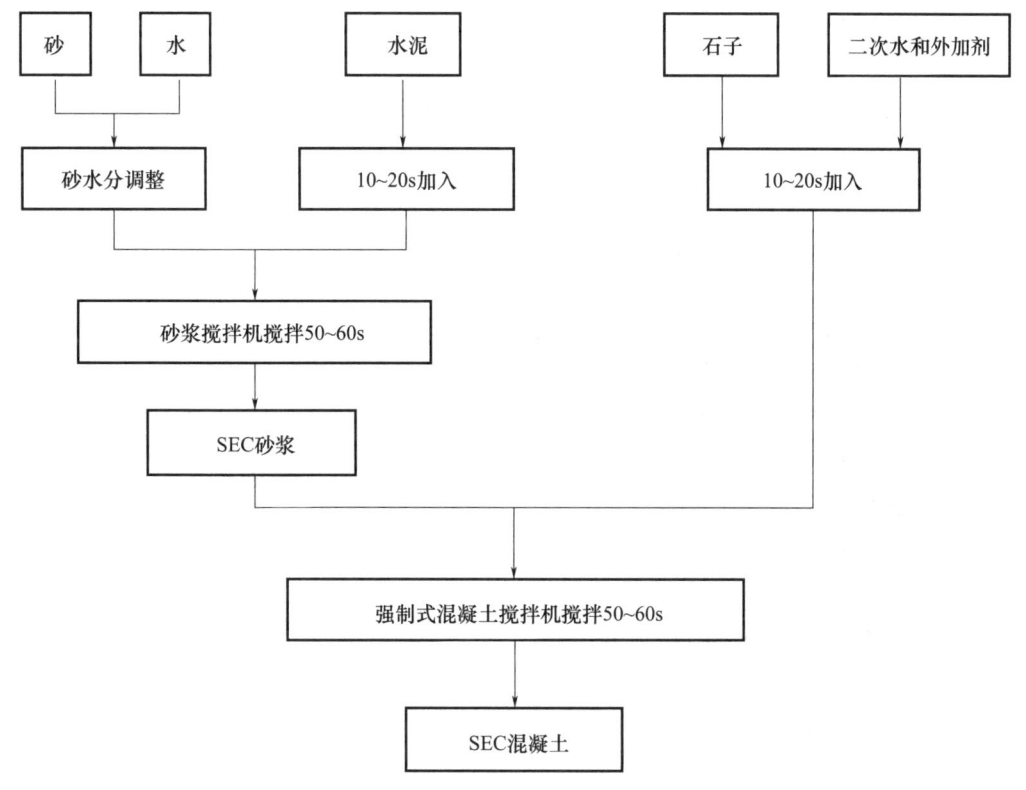

图 2-14 制备 SEC 混凝土的两阶段流程图

二次投料法是在传统的一次投料法基础上将投料顺序、搅拌方式进行变动而形成的。其最根本的优点在于，采用二次投料法生产混凝土克服了水泥浆体难以把砂、石完全均匀包裹的缺陷，从而达到增加混凝土强度或节约水泥的目的。对于二次投料法，国内外的试验表明，强度等级与一次投料法相比可提高 15%，在强度等级相同的情况下，可节约水泥 15%～20%。对于 SEC 法制备的混凝土与一次投料法相比，强度可提高 20%～30%，混凝土不易产生离析现象，泌水少，工作性好。

176. 如何判定同一盘混凝土搅拌的匀质性

（1）最先出机和最后出机的混凝土，其砂浆密度两次测值的相对误差不应大于 0.8%。

（2）最先出机和最后出机的流动性混凝土，其坍落度和扩展度两次测量的差值不应大于 ±30mm。

2.3.4 生产设备维保

177. 主控设备故障有哪些原因

(1) 计算机指令停止的情况下继续配料。可能是控制仪表参数乱了，传感器连接处有异物或配料口卡住，造成配料不停。

处理方法：

① 在相应配料仪表面板上同时按"MODE""TARE""ZERO"终止配料，检查修正参数。

② 检查传感器，使秤处于活动自如状态。

(2) 自动工作状态下，称量斗不配料。一般是搅拌机卸料门全关限位开关损坏或移位，或某种骨料没有配料。

处理方法：

① 检查开关，进行更换或调整固定。

② 启动"配料工具"进行补料，以半自动方式完成当前批次生产。

③ 检查接线，更换继电器。

(3) 计算机不能及时记录数据，造成信息损失。

原因可能是：

① 联机模式转换到手动模式。

② 计算机病毒。

③ 数据填写不全。

④ 电磁干扰。

⑤ 强制退出程序。

⑥ 操作系统版本不正确。

处理方法：

① 避免将控制模式从联机转换到手动，正确的操作是从全自动转换到半自动。

② 借助有效的杀毒软件进行查杀。

③ 生产单中的数据应填写完整。

④ 检查仪表及信号线排除干扰。

⑤ 生产中不允许退出程序。

⑥ 操作系统要求使用专业版。

178. 如何对计量系统运行进行检查

(1) 配完料后配料设定值与称重显示值一致，而实际的物料却远大于或小于此值，说明秤不准，需检查秤斗是否被卡住，或其他原因造成秤斗不能活动自如，必要时重新校秤。

(2) 配料后显示的称重读数与设定的物料值相差很大，应重点检查某些参数，如超差延迟时间等是否正确，参数不合适时参照出厂值修改。还应检查设定的物料值是否太小，此外还应检查储料仓储量是否稳定，是否时多时少；检查料仓储料品质是否均匀，石粒径不能相差太大,砂的粗细和干湿不能相差太大;更换配方后,是否进行了落差测量,如没有应重新操作。

(3) 配料机配料不停,可能是料斗被卡住,加料时传感器不受力,也可能是传感器线路故障或传感器故障,应马上检查。

(4) 配料后按卸料按钮不起作用,可能是卸料按钮有故障,或者是没有使用的物料没有设置为零,或者是相应电器元件或计量单元故障。第一、三种情况要用万用表仔细检查,排除故障。第二种情况表现为配料完毕,没有使用的物料的指示灯亮,接触器吸合。如果是卸料不停,可能就是物料零位范围设定太小(物料零位范围应该在 5~10kg),也可能是卸料延迟时间太长,这种情况要仔细检查卸料参数,必要时重新调整。

179. 如何对除尘系统运行情况进行检查

(1) 检查风扇的旋转方向、速度、轴承振动和温度,处理风量以及每个测试点的压力和温度是否与设计一致。

(2) 使用后,通过目视检查烟囱的排放,可以判断滤尘袋的设备状况,滤袋是否掉落、口松、磨损等。

(3) 注意布袋腔内是否有冷凝水,以及排灰系统是否畅通。防止发生堵塞和腐蚀,严重的灰尘堆积会影响主机的生产。

(4) 调整清洁周期和清洁时间。该操作是影响除尘功能和操作情况的重要因素。如果清洁时间过长,将除去附着的灰尘层,这将导致泄漏和滤袋损坏。假设除尘时间过短,且没有去除滤袋上的灰尘,恢复过滤操作将使阻力迅速恢复并逐渐增加,最终影响其使用。

(5) 两次清洁之间的时间间隔就是清洁周期。通常,期望清洁周期尽可能长,以使集尘器可以在经济条件下工作。因此,请仔细研究粉尘的性质、浓度等,并根据不同的清洁方式选择清洁周期和时间,并在试运行期间进行调整以达到更好的清洁参数。

(6) 在操作开始时,经常会出现一些不可预料的情况,例如异常的温度、压力、湿气等会损坏新设备。气体温度的突然变化将导致风扇轴变形,形成不平衡状况以及运行中的振动。一旦停止操作,温度将急剧下降,重新启动时会发生振动。

180. 输送和除尘设备有哪些问题,如何预防

(1) 泵送粉料安全操作规范。

① 泵送粉料时应先开罐顶除尘机除尘 1~2min。

② 粉料泵送完毕后需再开罐顶除尘机除尘 1~2min。

③ 除尘器的滤芯堵塞或损坏应及时清理或更换。

④ 罐顶安全阀定期检查是否被粉料结块失效。

(2) 粉料罐顶冒灰问题防范及处理。

原因:除尘器滤芯堵塞,在输送粉料时,粉料罐内压力升高,如升高到罐顶安全阀的开启压力时,安全阀打开,带灰气体从安全阀中跑出,造成罐顶冒灰。

防范及处理方法:在泵送粉料前,启动罐顶除尘器振动器 1~2min,把除尘器滤芯上的积灰振落。在泵送完毕后,再开罐顶除尘器 1~2min,振落积灰。另需定期清理除

尘器滤芯和安全阀。

（3）输送管返灰问题防范及处理。

现象：散料输送车向粉料罐打料完毕后，取下输送接头后，有粉料从粉料罐输送管返回地面，污染环境和造成浪费。

原因：仓顶收尘机滤芯堵塞，在打料阶段，粉料罐内形成一定正压，取掉送灰管后，形成一部分飘浮的粉料，沿输送管返回；上料位计损坏，致使上料量超出输送管出口，取掉送灰管后，多余的部分粉料沿输送管返回。

防范及处理方法：清理仓顶收尘机滤芯；检查修复上料位计。

（4）输送管漏灰问题防范及处理。

原因：输送管受物料冲刷，磨穿，转弯处更易磨穿。

防范及处理方法：经常检查弯头等易磨损处，如发现过度磨损，需更换配件或焊补磨损处。

（5）粉仓料位计失灵问题防范及处理。

原因：料位计本身一般不会出现故障，故障主要是因为料位计的旋转叶片上有水泥结块。

结块原因：仓顶或仓壁漏水，引起水泥等在叶片上结块，堵死料位计旋转叶片。

防范及处理方法：经常检查粉仓的密封情况。发现失灵时，可拆开料位计的安装螺栓，清除结块，并移出料位计，确认料位计运转是否正常。检验料位计时，注意安全。运转正常后，再将料位计装好，装料位计时，一定要在螺栓部位加密封胶带。

181. 如何判断搅拌机的工作状态

（1）卸料门运行不畅——接近开关坏了、液压单元压力过小或卸料门卡死。

① 接近开关坏了可以更换同型号的接近开关。

② 液压单元：液压站内缺少液压油，补充液压油，并调整好压力。

③ 检查卸料门周围有无积料，若有应及时清理。

（2）搅拌机闷机跳闸——传动皮带过松、搅拌刀间隙过大或误操作。及时调节传动皮带张紧力；及时调整搅拌刀间隙，更换搅拌刀。

（3）搅拌机异响（电机异响，轴头、减速机、菊花轴套异响或搅拌刀变形损坏），引起的拌和机主机不能正常运行，直接影响搅拌机的工作效率。及时检查保护罩有无松动，轴承有无问题；检查有无润滑油跟进；润滑泵是否运行。

182. 振动装置失灵的原因是什么，如何处理

（1）振动器无振动。

可能的原因：

① 电控箱没有电流输出。

② 线圈损坏。

③ 连接线短路。

针对以上三个原因，排除方法如下：

① 检查电控箱和电源。

② 更换线圈。

③ 检查连接的检查点是否断开。

（2）噪声故障。

产生噪声的原因一般有五种：

① 弹簧断裂。

② 电磁铁撞击。

③ 仓壁共振。

④ 振动器底脚松动。

⑤ 弹簧压紧螺栓或配重螺栓松动。

分别对应的解决方法：

① 更换相同尺寸、厚度和数量的环氧玻璃钢弹簧。

② 降低电控箱的输出电压。

③ 调整仓壁刚度或添加物料。

④ 压紧振动器的固定脚螺栓。

⑤ 压紧螺栓。

（3）振动微弱，电流过大。

可能的原因：

① 输出电压低。

② 弹簧刚度过大或过小。

③ 气隙过大或堵塞。

排除方法如下：

① 检查电控箱和电源。

② 调整弹簧刚度或配重。

③ 调整气隙——正常值为 (2.5 ± 0.1) mm。

183. 计量系统故障的原因是什么，如何处理

计量系统出现故障的主要原因有五个：配料计量装置故障、称重装置故障、上料装置故障、卸料装置故障以及人为因素产生的故障。

（1）配料计量装置故障。

① 运行指示灯故障。

故障表现：运行指示灯不亮。

故障原因：

a. 控制系统不正常，内部故障造成指示灯不亮。

b. 24V 直流供电电源未顺利连接，或者电源的正负极错置连接，或者供电线路老化脱落致使供电系统不能正常运转。

c. 线路接触不良。

故障处理方法：

a. 定期检查配料机，确保配料机各个系统的正常运转。

b. 及时检查电源连接情况和线路通信系统。

② 配料机故障。

故障表现：配料机器上的配料设定值与实际称重值不匹配。

故障原因：

a. 骨料自身的非均匀性容易造成重心偏移，从而使称料斗与骨料重心不一致，由此产生计量故障。

b. 配料机相关参数的设定与实际物料值不一致，一方面可能是参数的设定存在不合理性，另一方面可能秤不准。

c. 秤斗被卡住，难以自由活动，造成称量不准。

解决方法：

a. 选择秤斗重心不偏置并且能够灵活移动的秤斗作为计量工具，加强骨料重心与秤斗重心一致性的检验。

b. 定期检查秤的准确性，减少称量误差。

（2）称重装置故障。

① 传感器故障。

故障表现：显示器显示的数据波动性较大，具有不稳定性。

故障原因：

a. 传感器插头松动，造成接触不良。

b. 传感器线路磨损引发的磨损短路现象。

故障处理方法：

根据传感器输出参数确定是否出现故障和偏差，传感器故障的测量指标为输出电阻和传感电压。

传感器的运作参数：传感器红、蓝两根电源激励线的输入电阻值为 390Ω，红、黄两根信号线的输出电阻值为 350Ω。如果传感器是单的，那么激励信号的电压恒定为 $4.08V$，称重信号的电压恒定为 $3.7V$，依据这些指标可以快速甄别传器内部故障的关键所在。另外，检查等电位是否有效。

② 称量秤故障。

故障表现：读数不准，差值较大。

故障原因：

a. 料斗活动性小，出现料斗卡住情况。

b. 电线正负极错置。

c. 水秤秤斗排水管与罐体连接处被焊接，软连接变成硬连接。

d. 进料输送管道材质老化。

故障处理方法：

a. 将秤斗排水管与罐体连接处的焊接进行分割处理，恢复计量精度。

b. 妥善检查料斗、线路连接和传感器运转情况，做好维修准备。

（3）上料装置故障。

故障表现：上料输送管道内部水泥凝固，堵塞管道从而引发上料装置故障。

故障原因：

a. 气候环境的影响，多雨季节加之管道老化破损，容易加速水泥凝固。

b. 上料输送设备工作强度过大致使机器瘫痪。

c. 上料设备清洁性较差，水泥残留物的长期堆积引发装置故障。

d. 螺旋输送机的电机烧坏。

故障处理方法：

a. 及时清洁和处理上料装置残留的水泥，特别是多雨季节，以防止水泥的凝固。

b. 加强螺旋输送机的安装和保养工作，如设定合理的安装角度，一般的倾斜角度设定为40°左右，及时为油布和减速机齿轮加油。

c. 拆卸维修电机，将螺旋输送机的检查窗打开，检查水泥凝固情况并启动电机，排除管道内的水泥。

（4）卸料装置故障。

故障表现：卸料设备停止运转，无法卸料。

故障原因：

a. 卸料按钮操作失灵和损坏。

b. 卸料设备参数设定不合理。

c. 计量元件发生故障，如电磁阀元件失灵、气缸超期使用造成漏气现象等。

故障处理方法：重新设定设备参数，检查相关计量元件的安全性能，定期更换和维修老化部件。

（5）人为因素产生的故障。

故障表现：

a. 不能正确使用计量仪器。

b. 料斗卡滞。

c. 螺旋输送机的安装角度不合理。

d. 物料落差值存在较大的偏差。

e. 料斗上附着湿料，或者料斗质量未达到设定的初始值就停止卸料。

故障原因：

a. 螺旋输送机的保养和清洁工作不到位，设备出现水泥凝固现象。

b. 安装设备的方式和方法不合理，造成螺旋输送机的安装角度过大或过小。

c. 由于人的疏忽大意，料斗周边的石头卡住料斗，从而削弱了料斗的灵活性。

d. 落差值修正过程不仔细。

e. 忽略影响料斗初始值的相关因素，或因操作不当致使实际初始值小于既定初始值。

故障处理方法：

a. 在料斗初始值偏小的情况下，应该人为地设定一个误差来抵消附着在料斗上的潮湿物料的质量，或者在称料斗上添加振动器，以减少附着物，降低初始误差。

b. 为了提高配料的精确度，认真考虑落差值，做好物料落差值修正工作。

c. 加强混凝土拌和站工作人员的岗位培训，加强工作人员的操作考核。

184. 输送设备无法启动的原因是什么，如何处理

输送设备无法启动的原因：

（1）电动机没电。

（2）投入连锁而上一级设备未启动。

（3）就地停机后按钮未复位。

（4）改向滚筒卡住或冻住。

（5）拉线开关或跑偏开关动作后未复位。

（6）皮带上的积料过多。

解决方法：

（1）联系维修人员排查原因。

（2）解除连锁或者启动上一级设备。

（3）复位停机按钮。

（4）清理卡物。

（5）复位拉线开关或跑偏开关。

（6）清理积料。

185. 皮带异常磨损的原因是什么，如何预防

在皮带传动生产过程中常常会因皮带出现打滑、磨损、散层以及疲劳断裂等失效形式而被迫停机更换皮带的情况。那么，皮带是已经达到使用期限而需要更换呢，还是由于不正常损坏而被迫更换呢？皮带的打滑、磨损、散层、断裂是否属于正常现象呢？其实，皮带出现上述损坏，大部分都是由不正确安装使用造成的。

（1）结构因素对皮带传动的影响。

① 小带轮直径对皮带传动的影响：直径增大可增大小带轮包角使皮带最大有效拉力增加，同时也减小了传动比，使得在保证大轮能获得同等动力和速度时需要增加原动机的功率和转速。直径减小，从而使皮带外表面受到的自身材料的剪应力增大，造成了带与轮槽侧面的接触不良，从而降低皮带的传动能力和使用寿命。

② 小带轮包角对皮带传动的影响：小带轮包角越大，皮带与带轮的有效接触面积越大，接触弧上可产生的摩擦力越大，则带传动的传载能力就越强。小带轮包角的大小受到传动比、张紧轮安装位置和大小轮中心距的影响。

③ 初拉力对皮带传动的影响：初拉力的大小直接取决于皮带安装后张紧力的大小。张紧力小则带的初拉力小，使带与轮槽面间的正压力减小，从而使极限摩擦力变小，造成带传动的传载能力减弱。张紧力过大，则带的初拉力过大，使带受到的力过大，进而缩短带的使用寿命。

④ 皮带横截面和皮带厚度对皮带传动的影响：大截面型号的带的传载能力强。但由于受弯曲应力的限制，小带轮直径不能过小，大截面型号的带的质量大，限制了带速，不利于提高传递功率。

（2）安装因素对皮带传动的影响。

① 安装皮带时采用将皮带用硬物撬入带轮中的方法。

② 安装皮带时两带轮轮槽间的直线度误差较大，从而影响皮带的使用寿命。

③ 皮带张紧位置选择不当：张紧位置选择在紧边，静态下可达到增大初拉力的目的，但工作时在主从动轮紧边产生一对与带轮相切且与带平行的作用力，并且这一对作用力的方向始终向两带轮共切线方向发展，从而使张紧装置所受到的压紧反作用力剧增，导致张紧装置磨损速度激增而快速损坏。

186. 气力输送泵及管道压力过高问题的原因是什么

（1）压力传感器故障。

查看面板显示压力和实际压力对比，若压力传感器显示异常，更换压力传感器。

（2）加卸载压力值设定不合理。

根据现场用气量和用气压力，查看设定的加载压力、卸载压力、超压压力值，完善螺杆空压机参数。

（3）进气阀故障，需检修或更换。

进气阀卡涩不能关闭，导致一直加载。把进气阀拆卸出来，检查其有无卡死或异物堵塞。卡涩不严重的可以把生锈的地方用砂纸磨光滑，并且添加润滑油；情况严重的直接更换。

（4）卸载时放空排气出现异常。

检查放空管路，一是卸载时电磁阀能否正常得失电，二是放空管路有无异物堵塞或者卡住的现象。

（5）卸载电磁阀故障，导致卸载失灵，卸载不到压力就一直往上涨。检查并排除电磁阀故障。

187. 螺旋输送机异常现象、原因及处理方法有哪些

（1）螺旋输送机堵料。

主要原因及处理方法：

① 合理选择螺旋输送机的各技术参数，如慢速螺旋输送机转速不能太大。

② 严格执行操作规程，做到无载启动、空载停车；保证进料连续均匀。

③ 加大出料口或加长料槽端部，以解决排料不畅或来不及排料的问题。同时，还可在出料口料槽端部安装一小段反旋向叶片，以防端部堵料。

④ 对进入螺旋输送机的物料进行必要的清理，以防止大杂物或纤维性杂质进入机内引起堵塞。

⑤ 尽可能缩小中间悬挂轴承的横向尺寸，以减少物料通过中间轴承时堵料的可能。

⑥ 安装料仓料位器和堵塞感应器，实现自动控制和报警。

⑦ 在卸料端盖板上开设一防堵活门。发生堵塞时，由于物料堆积，顶开防堵门，同时通过行程开关切断电源。

（2）螺旋输送机驱动电机烧毁。

主要原因：

① 螺旋输送机输送物料中有坚硬块料或小铁块混入，卡死绞刀，电流剧增，烧毁驱动电机。

② 来料过大，驱动电机超负荷而发热烧毁。

处理方法：

① 防止小铁块进入，使绞刀和机壳保持一定间隙。

② 保证喂料均衡并在停机前把物料送完。

(3) 螺旋输送机机壳晃动。

主要原因：螺旋输送机安装时各螺旋节中心线不同心，运转时偏心擦壳，使外壳晃动。

处理方法：重新安装找正中心线。

(4) 螺旋输送机悬挂轴承温升过高。

主要原因：

① 位置安装不当。

② 坚硬大块物体混入机内产生不正常摩擦。

处理方法：

① 调整悬挂轴承的位置。

② 清理异物，试车至正常为止。

(5) 螺旋输送机溢料。

主要原因：

① 物料水分大，集结在螺旋吊轴承上并逐渐加厚，使来料不易通过。

② 物料中杂物使螺旋吊轴承堵塞。

③ 传动装置失灵，未及时发现。

处理方法：

① 加强原料烘干。

② 停机清除机内杂物。

③ 停机、修复传动装置。

(6) 螺旋轴连接螺栓松动、跌落或断裂。

主要原因：运行时间歇受力不匀，引起螺栓松动、跌落或冲击断裂。

处理方法：提高螺栓连接的强度。

(7) 螺旋输送机螺旋叶片撕裂。

主要原因：原料中异物等可造成螺旋叶片损坏，严重时螺旋叶片与螺旋轴焊接处脱焊，形成螺旋叶片撕裂。

处理方法：螺旋叶片损坏需提高备件质量和强度，在备件制作时要保证叶片的一致性，焊缝密实可靠，避免夹渣、气孔等缺陷，保证焊接质量，同时提高螺旋轴及传动轴的强度。

(8) 螺旋输送机法兰焊口扭裂。

主要原因：由于异常扭矩的产生，连接法兰焊接失效。

处理方法：不管是法兰连接还是花键连接，都要保证螺旋体的安装位置精度，安装后应接线调试确定螺旋转向，声音有无异常。

试运转后检查电机、减速机、轴承温升，一切正常后，开动手动螺旋料仓闸门逐渐加料，经过调试后，使螺旋运转平稳。

（9）螺旋轴裂缝。

主要原因：由于长期运行磨损，抗扭强度降低，形成裂纹、裂缝。

处理方法：

① 加强设备维护防止螺旋轴磨损断裂，严格控制原料质量，避免异物进入输送机。

② 定期对润滑部位进行润滑维护。

③ 加强驱动装置的点检和维护。

④ 对螺旋叶片质量进行定期检测，螺旋叶片异常磨损，螺旋轴变形，强度降低时，及时更换并分析原因加以防患。

⑤ 发现连接件松动及时紧固；设备运行出现发热、噪声等异常现象时及时检查，清理异物，修整螺旋或溜槽。

（10）螺旋轴输入轴段断裂。

主要原因：由螺旋输送机安装时，螺旋轴同轴度超差或选轴时安全系数偏低等引起。

处理方法：要解决螺旋输送机轴断裂的问题，需要调整同轴度，采用止口定位保证筒体两侧的轴承箱同心；轴头材料选用高强度材料。

解决方法：重新安装时找正中心线。

188. 如何对搅拌系统控制参数进行调整

按下"参数设置"键，可进入参数设置方式。按下"参数选择"键，可选择要修改的参数种类。当参数选择指示灯区的配比指示灯亮时，按"左移""右移"键可以选择要修改的混凝土配比单元；补偿指示灯亮时，可修改相应的物料的落差补偿；同样，还可修改时序、限位、称重、罐立方参数单元的有关参数。

设置或修改配比时，按"参数选择"键，使参数选择区的配比指示灯亮，同时，砂配比显示区数字开始闪动，这时按动"加/减"键，数值会自动增加，再按一下，数值会自动减少；若想加快速度，按一下"快/慢"键；修改合适后，按"存入"键存入修改好的值，或者等一组全部修改完成后，再存入。按"左移""右移"键选择要修改的其他配比单元。用同样的方法可设置或修改补偿、时序、限位、称重等参数。

189. 设备空载试运转操作、检查和调整有哪些注意事项

（1）调试前的准备。

① 所有机械设备应按有关说明书的要求进行检查和润滑，减速机加注润滑油，必要时应先用手转动，以确保安全。

② 确认全部电气接线符合图纸要求，接线正确，接地良好。确认供电电压符合要求。

③ 检查系统供气压力是否不低于0.6MPa，压缩空气是否干燥洁净，并打开储气罐排污阀放气排污。空气管路以0.7MPa进行密封试压，检查所有接头是否渗漏，若有应及时消除。空气管路试压后，分段吹净各管路，油雾器加注10号机油。

④ 确认搅拌机、螺旋输送机、胶带给料机、集中料斗、骨料及粉料溜管、骨料仓、

粉料仓、水箱、外加剂箱及各称量斗内部处清理干净无杂物。特别注意液料（水、外加剂）称量斗及卸水管路内不得有焊条头等杂物。以免损坏卸水加压泵。

（2）空载试运转。

① 合上电源开关及操作台电源按钮，检查供电电源是否正常、检查"紧急停止"按钮是否有效可靠，发出预警信号，准备空载调试。

② 逐项试验各设备电动机的启动和停止（用现场按钮和操作台按钮分别启动和停止，并需点动操作），检查电动机转动方向是否正确，特别是双卧轴强制式搅拌机，要注意其两台电动机的转向，应分别启动，确认其电动机转向正确后方可合并启动。空载运行 15min，检查运转情况和轴承的发热程度。

③ 逐项用电磁气展手动按钮和操作台按钮试验气动执行件（包括弧门、骨料翻板门、粉料翻板门、气动蝶阀、气动截止阀等）的动作是否正确。动作应无卡阻、爬行现象。调整气动元件组油雾器的滴油量，保证气动元件动作顺畅。

④ 检查和调整各行程开关、接近开关动作的正确性。

⑤ 调整各称量斗的水平，并保证称量斗内无杂物，弧门关闭严密，气缸上接近开关接通。静态校秤：将微机设定在校秤状态，用砝码逐台校秤并做记录，计算静态精度。静态精度±0.2%。

⑥ 搅拌机空运转试验：确认搅拌机内无杂异物后，先启动润滑油泵为搅拌机轴承注油，再启动搅拌机电动机运转 30min，需要注意的是，搅拌机的两台电机应分别单独启动，确认转向正确后方能同时工作。叶片与搅拌筒壁间隙调整为约 3mm，启动搅拌机附带的液压站电机，待油压上升后连续运行 60min。液压管路不得有渗漏。然后进行搅拌机出料门的开、关试验，应试验多次，确认开、关门过程中无卡阻现象。

⑦ 检查确认各螺旋输送机内无杂异物后，逐台启动螺旋输送机，转向正确后运转 15min 无异常。

⑧ 启动回转漏斗的电机，电机及减速机不得有异常噪声，漏斗下料口与骨料进料楼口对位准确。

⑨ 启动后台上料胶带机，胶带不得跑偏，如有跑偏可调节尾部张紧螺栓和调心托辊。运转 15min 无异常。

⑩ 空载联动试验：微机手动和自动进行搅拌楼系统空载联动试验，检验设备启动顺序是否正确、各设备和机构动作是否正常。调整完毕，所有机械应进行 8h 空载联动跑合试验。

190. 设备负荷试运转、检查、调试有哪些注意事项

空载调试确认合格后，在混凝土系统形成的基础上，可以上料进行重载试验和生产性试验。重载试验和生产性试验可合并进行。

（1）骨料仓上料：上料前应将各骨料仓内的杂异物清理干净，关闭检修闸门，各仓逐一上满料，然后开启检修闸门，进行各种物料的单一配料称量试验，按搅拌楼技术条件的规定，各秤进行连续十次的配料称量，其精度应符合规范的要求：骨料为±2%，其余均为±1%。

（2）上水：清洗水箱，关闭放水阀。外接水源上水，至水箱上水位时，浮球阀作用，停止进水。

(3) 外加剂上料：关闭放空阀，启动外加剂泵上料，至高液位时溢流回外加剂贮仓。考虑到外加剂的价格因素，也可暂不用外加剂，先用水代替外加剂来做试验。试验完成后应将水排空。

(4) 水泥（粉煤灰）上料。

① 启动仓顶除尘器，检查离心风机和脉冲阀工作是否正常。

② 清理水泥（粉煤灰）仓，确认仓内和螺旋输送机内无杂异物。检查破拱气路是否畅通。

③ 关闭各仓底手动蝶阀，准备罐装水泥车直接上料，记录罐装水泥车上料时间（min）。

(5) 生产性试验：按微机操作手册，输入配方、任务单进行生产性重载试验。

① 检查系统压缩空气压力是否正常。

② 打开各闸门、阀门。

③ 启动搅拌机和后台上料胶带输送机。

④ 微机切入生产状态进行配料。可先进行手动操作，而后以搅拌车为单位实行自动生产。

⑤ 记录实际配料时间，校核生产率。

⑥ 检查每盘打印记录，配料合格率应在90%以上，以搅拌车为单位，其合格率应达到100%。

⑦ 水泥的手动蝶阀可以根据配料时间调整开度大小。在连续配料称量试验中，应调整、记录和选择最佳的称量提前量，以保证在最短的时间内达到最高的配料精度。

⑧ 全部配料系统的连动试验可与搅拌机重载试验结合进行，全部配料连动时，每盘配料和卸料周期应为55～120s。

191. 如何根据设备运行状态发现隐患并排除

设备故障分寿命性故障和偶发性故障两种。设备在允许的工作条件下运行时产生均匀磨损，磨损量超过规定值时将发生寿命性故障，这种故障发生时间通常可以预测，可通过定期更换、修理、改造来恢复其能力。因设备工作条件变化而引发的故障称为偶发性故障。偶发性故障发生的时间是随机的，无规律可言，但其往往始于设备工作条件的异常，所以可以通过监测设备状态、控制工作条件、及时采取有效措施来预防故障的发生或恶化。在设备运行过程中，两种故障是并存的。寿命性故障取决于设计意图和制造水平，以正常工作条件为基础；偶发性故障是设备工作条件改变使设备处于异常工作状态而使设备磨损加速的结果，磨损的速度取决于异常状态的程度。

控制设备故障的几种基本途径：

(1) 设备运行状态监测。

设备运行状态监测指采取有效方法并选择合理部位对能代表设备正常运行状态的参数进行监测，一旦所测参数实际值超过允许值，则视为运行异常。出现异常时，可根据异常表现形式、异常参数值及其他参数值、设备工作原理等判断异常工作部位和产生原因，及时评估设备运行所处的状态，根据以上判断采取相应措施使设备恢复正常运行状态或排除已发生的故障，设备运行时的状态监测重点根据设备在安全生产中所处地位的不同，可以将设备分为两类，即大型关键设备及常规设备。

大型关键设备是整个装置的心脏设备，在任何时候都必须进行严格的监控，掌握其运行状况，关键设备是否安全、稳定地运行关系到企业的安全生产和经济效益，应对这类设备进行重点监测，对这些设备的运行情况应了然于胸，定期对设备的振动情况、轴瓦温度的变化情况、润滑油的化验情况做出正确的评估，及时处理、解决设备运行中存在的早期故障隐患，将这些设备故障消除在萌芽状态。如果不掌握这种变化，维修工作将会很被动，在检修过程中往往会产生"过修"及"失修"的情况，通过对运行设备进行监测分析从而决定是否需要维修，才能在保证设备正常运行的前提下最大限度地降低维修费用，在最大经济效益化的前提下确保关键设备、装置的连续稳定运行。

常规设备的主要监测工作由班组维护人员来完成，需要为它们配备简易的振动监测仪器及红外线测温设备，以便维护人员每天在巡检时能够方便、快捷地对设备的运行状态做出正确的评价应查明原因及时处理。

（2）温度监测。

设备运行都有一定的温度范围，对设备及其零部件进行热检测可以发现的运行异常有加工过程的温度变化、因轴承损坏或过载等异常状态引起的发热量增加、传热情况的改变、电气元件故障等。常用的监测装置有温度计、双金属传感器、电阻传感器等。检测部位可设在设备内部，如测量润滑油温度等，也可设在设备外部，如测量轴承座外壁温度等，对于重要设备，为了正确地反映关键部位的温度变化情况，需要在合适位置安装热电偶，并将温度信号通过电缆连接到工控系统，操作室的电脑显示器以数字的形式进行显示，方便操作人远程进行监控，并在出现异常的情况下采取合理的措施进行解决。

（3）润滑油检测。

通过对润滑油和润滑油带出来的杂质进行检测可以发现油质状况和油内微粒的大小、形状、成分，以及浓度等状况，以此判断油质状况和设备运行状态，并及时提出设备故障预报。常用的润滑油检测技术/设备有铁谱油质分析、磁性微粒收集器、油位表等。

（4）振动监测技术。

振动的检测一方面可以对振动参数如振幅、频率进行直接测定，另一方面可通过噪声测量来反映设备振动情况，分析设备的振动频谱，及时发现设备故障产生振动的根本原因，并采取切实可行的办法进行处理。

（5）液压系统的压力监测口压力变化表现的运行异常有过负荷、油路阻力增大或阻塞、安全阀失效以及溢流阀调整不当、泄漏和密封失效等。

192. 什么是计量器具的一级保养

（1）测量前应将计量器具的测量面和被测工件的表面擦洗干净，以免脏物存在而影响测量精度，擦伤测量面。

（2）测量时要严格按照计量器具说明书中所规定的使用规则和操作要求进行，一旦发现技术故障或可疑之处，要立即查清原因，并予以排除，必要时送检修部门检修。对精密量具量仪，不允许使用者自行拆修。量具修复后，必须重新检定，检定合格后才能投入使用。

(3) 量具使用后，应及时清洗。如不涂油，应放在干燥缸里保存；短期一两天不用，可涂上无水变压器油；长期不用，应涂上纯净无水的凡士林油。涂油一般不宜太厚。

(4) 必须对计量器具进行定期擦洗，使其保持清洁，以防金属表面锈蚀和光学零件生霉、起雾。清洗精密量具量仪的金属表面可使用一级航空汽油、纯度99.5%的无水酒精或乙醚。清洗一般通用量具可使用工业油。擦洗材料应使用脱脂棉、白细布、绸布或高级卫生纸。如发现金属表面已有锈迹，应及时用500号金相砂纸去锈并清洗上油，使锈蚀不发展，不蔓延。清洁光学零件表面，宜用脱脂细软的毛笔轻轻拂去灰尘，再用柔软清洁的亚麻布或镜头纸轻轻擦拭，不可用手触摸镜面。如光学零件表面有油渍，可蘸一点酒精或乙醚擦拭，应尽量避免多擦。镜头里面发霉起雾，要及时请检修部门擦洗干净，以免年长日久，生成霉雾斑而不易擦去。

(5) 计量器具一般不要经常移动，更不能自行拆卸，搬动时要严防振动；注意远离磁场、热源和振源；实行周期检定制度等。

193. 什么是搅拌设备的一级保养

混凝土搅拌机一般工作100h以后进行一级保养。

(1) 混凝土搅拌机在一级保养中，除日常保养的工作内容外，还需要：

① 拆检离合器和制动器：离合器片及制动带不得翘曲，铆钉头不得外露，否则应修复或更换，并调整间隙。

② 检查钢丝绳磨损程度：连接应牢固，钢丝绳折断一股或捻距内断丝根数达到10%，或捻距内钢丝绳表面被磨损、腐蚀达30%以上时，应予以更换。

③ 检查三角皮带完好状况：不得有破裂和断层，否则应予以更换。

④ 检查各胶管接头：密封应良好，不得有硬化现象和裂纹。

⑤ 检查三通阀完好状况：阀门要严密，如漏水应进行修复。

⑥ 检查行走轮：要求转动灵活，装置牢靠，气压充足，并保持整洁。

(2) 强制式混凝土搅拌机在一级保养中，还必须检查调整搅拌叶片和刮板与衬板之间的间隙，上料斗和卸料门的密封及灵活情况。

(3) 采用链转动的混凝土搅拌机需检查链条节距的伸长情况。

3 安全与职业健康

3.1 安全生产

194. 安全生产的概念、安全与生产的关系是什么

安全生产是指在社会生产活动中,通过人、机、物料、方法、环境的和谐运作,使生产过程中潜在的各种事故风险和伤害因素始终处于有效控制状态,切实保护劳动者的生命安全和身体健康。也就是说,安全生产是为了使劳动过程在符合安全要求的物质条件和工作秩序下进行的,防止人身伤亡财产损失等生产事故,消除或控制危险有害因素,保障劳动者的安全健康、设备设施免受损坏、环境免受破坏的一切行为。

安全生产是安全与生产的统一,其宗旨是安全促进生产,生产必须安全。搞好安全工作,改善劳动条件,可以调动职工的生产积极性;减少职工伤亡,可以减少劳动力的损失;减少财产损失,可以增加企业效益,无疑会促进生产的发展。生产必须安全,则是因为安全是生产的前提条件,没有安全就无法生产。

195. 安全生产理念、方针及机制是什么

安全生产工作应当以人为本,坚持人民至上、生命至上,把保护人民生命安全摆在首位,树牢安全发展理念。

坚持安全第一、预防为主、综合治理的方针,从源头上防范化解重大安全风险。

安全生产工作实行管行业必须管安全、管业务必须管安全、管生产经营必须管安全制度,强化和落实生产经营单位主体责任与政府监管责任,建立生产经营单位负责、职工参与、政府监管、行业自律和社会监督的机制。

196. 安全生产的基本原则有哪些

(1)"三同时"原则。生产经营单位新建、改建、扩建工程项目(简称建设项目)的安全设施,必须与主体工程同时设计、同时施工、同时投入生产和使用。安全设施投资应当纳入建设项目概算。

(2)"三不违"原则。不违章指挥、不违章作业、不违反劳动纪律。

(3)"四不伤害"原则。教育职工做到不伤害自己、不伤害他人、不被他人伤害、保护他人不受伤害。

(4)"四不放过"原则。发生安全事故后原因分析不清不放过,事故责任者和群众没有受到教育不放过,没有防范措施不放过,有关领导和责任者没有追究责任不放过。

(5)"五到位"原则。安全隐患治理应遵循整改措施、责任、资金、时限和预案"五到位"原则。

197. 从业人员的安全生产权利义务是什么

（1）生产经营单位与从业人员订立的劳动合同，应当载明有关保障从业人员劳动安全、防止职业危害的事项，以及依法为从业人员办理工伤保险的事项。

生产经营单位不得以任何形式与从业人员订立协议，免除或者减轻其对从业人员因生产安全事故伤亡依法应承担的责任。

（2）生产经营单位的从业人员有权了解其作业场所和工作岗位存在的危险因素、防范措施及事故应急措施，有权对本单位的安全生产工作提出建议。

（3）从业人员有权对本单位安全生产工作中存在的问题提出批评、检举、控告；有权拒绝违章指挥和强令冒险作业。

生产经营单位不得因从业人员对本单位安全生产工作提出批评、检举、控告或者拒绝违章指挥、强令冒险作业而降低其工资、福利等待遇或者解除与其订立的劳动合同。

（4）从业人员发现直接危及人身安全的紧急情况时，有权停止作业或者在采取可能的应急措施后撤离作业场所。

生产经营单位不得因从业人员在前款紧急情况下停止作业或者采取紧急撤离措施而降低其工资、福利等待遇或者解除与其订立的劳动合同。

（5）生产经营单位发生生产安全事故后，应当及时采取措施救治有关人员。

因生产安全事故受到损害的从业人员，除依法享有工伤保险外，依照有关民事法律尚有获得赔偿的权利的，有权提出赔偿要求。

（6）从业人员在作业过程中，应当严格落实岗位安全责任，遵守本单位的安全生产规章制度和操作规程，服从管理，正确佩戴和使用劳动防护用品。

（7）从业人员应当接受安全生产教育和培训，掌握本职工作所需的安全生产知识，提高安全生产技能，增强事故预防和应急处理能力。

（8）从业人员发现事故隐患或者其他不安全因素，应当立即向现场安全生产管理人员或者本单位负责人报告；接到报告的人员应当及时予以处理。

（9）工会有权对建设项目的安全设施与主体工程同时设计、同时施工、同时投入生产和使用进行监督，提出意见。

工会对生产经营单位违反安全生产法律、法规，侵犯从业人员合法权益的行为，有权要求纠正；发现生产经营单位违章指挥、强令冒险作业或者发现事故隐患时，有权提出解决的建议，生产经营单位应当及时研究答复；发现危及从业人员生命安全的情况时，有权向生产经营单位建议组织从业人员撤离危险场所，生产经营单位必须立即做出处理。

工会有权依法参加事故调查，向有关部门提出处理意见，并要求追究有关人员的责任。

（10）生产经营单位使用被派遣劳动者的，被派遣劳动者享有本法规定的从业人员的权利，并应当履行本法规定的从业人员的义务。

198. 三级安全教育培训的定义和内容是什么

三级安全教育是指厂级安全教育、车间级安全教育和岗位（工段、班组）安全教育，是企业安全教育的基本教育制度。

（1）公司级安全培训教育内容，包括企业的简单介绍、安全生产法及相应的法规政策、安全管理制度汇编或者厂规厂纪、安全员工手册等，企业的相关事故案例学习、消防逃生知识等。

（2）车间部门及安全培训教育内容。根据车间部门的特点组织实际定向的安全教育，制定车间的安全细则及安全操作规程，介绍工作区域以及危险区域等，根据车间部门的工作特殊性详加讲解，特种作业人员以其工种区别同样考试备案。

（3）班组安全教育培训内容。入职人员所在班组、设施、设备，由班组长来负责实际培训指导。总结身边的违章违纪现象、工种涉及安全事故样例、设备设施的操作事项、风险源或安全注意事项、安全操作规程等，或签订师徒合同明确到人，明确事故应急的汇报及相应程序。

199. 上料系统的安全设施要求有哪些

（1）传送带的人工加料区域（传送带位置和搅拌机位置）应设有防护围栏，并辅有其他安全措施。

（2）传送带在正常作业条件下应具有满足要求的稳定性和强度。

（3）皮带转接处应设防护装置，防止物料下冲过程中冲出皮带区域。

（4）防护围栏高度按照以下标准执行：

① 当工作平台高于基准面20m时，护栏高度不小于1.2m。

② 当工作平台高于2m小于20m时，护栏高度不小于1.05m。

③ 当工作平台小于2m时，护栏高度不小于0.9m。

（5）当操作面高于基准面时，应设置固定扶梯、坡道、台阶等，坡道应有防滑措施。

（6）上料仓内应配备安全下料箅子，箅子网孔尺寸规定不大于10cm×10cm。

（7）地仓地面相连接的坡道宜设有台阶，无台阶时应采取防滑措施；坡道照明应与生产同步。底仓底部应有排水设施，水池应设有箅子，水泵及电器线路应采取防潮措施。

（8）地料仓仓面应设有箅子，箅子与仓口边坡应平整，定期检查，箅子磨损后应及时修复，地仓处应安装照明并与生产同步。

200. 物料输送系统的安全设施要求有哪些

（1）带式输送机头尾轮和张紧装置应设置安全防护设施，斗式提升机头尾部应设置紧急停机开关。

（2）传送带应设置紧急停机开关；拉线开关的紧急停机装置间隔不应大于30m。

（3）应定期检修安全通道。

201. 搅拌系统的安全设施要求有哪些

（1）搅拌楼和筒仓应按规定设置防雷设施，定期检查防雷设施，每年对防雷设施进行一次检测。

（2）搅拌楼应按消防要求配备相应的灭火器材和应急照明系统。

(3) 搅拌机电气系统必须装有总开关和漏电防护装置（又称剩余电流保护装置），电气线路布局合理，电线要穿管敷设，电缆穿线孔应用防火材料进行封堵，中控室房应使用防静电、绝缘阻燃地板。

(4) 搅拌楼应采用封闭式除尘系统，设置醒目的职业危害告知警示牌，定期进行职业危害因素检测，员工进入搅拌楼应佩戴安全防护用品（安全帽、口罩、耳塞等）。

(5) 搅拌系统中筒仓顶部必须加装安全防护装置，应定期检查和维护仓顶除尘系统和安全阀，对不适用于继续使用的除尘器或安全阀附件应及时更换，员工登高检维修作业和盘库作业时，必须按要求佩戴安全帽、悬挂安全带。

(6) 直梯、斜梯宜设置休息平台。

202. 厂内运输的安全设施要求有哪些

(1) 厂内应设置车辆限速器。

(2) 生产现场应明确区域划分，应对厂内物料车、混凝土运输车等车辆进出场路线进行规定与划分，并划分车辆排队等待区域，确保厂区人车分流。

(3) 在厂区道路的交叉路口、跨越道路的架空设施和重要路段处应设置必要的反光镜、限高标志、限速标志等交通安全设施或标志。厂区道路实施养护、维修时，施工单位应当在施工路段设置必要的安全警示标志和安全防护设施。

(4) 厂区交通限速为15km/h，叉车不得超过5km/h，转角处、十字路口、进入车间的车辆车速不得超过5km/h，人员密集场所不得超过3km/h。厂区主要通道要设立明显的交通标志，车辆停放不能影响厂区交通安全，且不得在厂大门周围20m、车间进出口周围10m以及消防通道的拐弯处停放。

203. 压力容器设备的安全设施要求有哪些

(1) 压力容器应有压力容器使用登记证、注册证件、质量证明书、出厂合格证、年检报告等，压力容器应设置醒目的警示标识。

(2) 压力容器压力表、安全阀等安全附件应定期检验，压力表半年检验一次，安全阀一年检验一次。

(3) 氧气瓶、乙炔气瓶每三年检验一次；惰性气体（氮气）每五年检验一次，超过30年的应按报废处理。

(4) 氧气、乙炔气瓶瓶阀，瓶帽，防震圈等安全附件齐全、完好；气瓶外表无缺陷及腐蚀，气瓶颜色及标志正确、明显；气瓶立放时应有可靠的防倾倒装置或措施；瓶内气体不得用尽，按规定留有剩余质量。

(5) 氧气瓶、乙炔气瓶应分库存放；空、实瓶应分开放置，保持1.5m以上距离；气瓶严禁在阳光下暴晒，不得靠近热源，与明火距离应大于10m；氧气瓶、乙炔气瓶使用过程中，两者之间间距应大于5m。

(6) 空气压缩机压缩空气禁止用来清洁设备，禁止对人体部分吹气。

204. 电气设施、设备的安全要求有哪些

(1) 变电室、配电室、电容器室的门应采用不燃材料制作，并应向外开启。

(2) 变压器室、配电室、电容器室等房间应设置防止雨、雪和蛇、鼠等小动物从采

光窗、通风窗、门、电缆沟等处进入室内的设施。

（3）设置在变电所内的非封闭式干式变压器，应装设高度不低于 1.8m 的固定围栏，围栏孔不应大于 40mm×40mm。变压器的外廓与围栏的净距不宜小于 0.6m，变压器之间的净距不应小于 1.0m。

（4）高压线路边线与永久性建筑物之间的水平安全距离不应小于 1.5m。10kV 及以下的箱式变压器与建筑物之间的防火间距不小于 3.0m。

（5）变压器室、配电室和电容器室的耐火等级不应低于二级。

（6）在自备发电机组电源和电网配电线路电源与负荷之间装置双投刀闸，或其他安全可靠的联锁装置。

（7）自备发电机组的中性线应单独接地，不得利用供电部门线路上的接地装置，接地电阻不得大于 4Ω，对于流动供电或家庭用电，可以装设灵敏可靠的漏电保护器等。

（8）变配电室的电气线路采取防雷保护措施，预防雷击事故，并应配备灭火器材。

（9）应制定临时线管理方法、非本企业人员用电管理方法、相应的安全管理制度，如工作（作业）票制度、工作许可制度、工作监护制度、工作间断和工作转移制度、工作终结和送电制度、安全检查制度等保证安全的组织措施，以及停电、验电、装设接地线、悬挂标示牌和装设遮（防护）栏等保证安全的技术措施。

（10）变配电室设备巡视检查、变配电室倒闸操作、变配电室配电装置的清扫检查及预防性试验、变配电室高压配电装置的异常运行及事故处理，应遵守供电局及本单位制定的运行管理制度。

（11）变配电柜前不得堆放任何物品。

205. 原材料输送的安全操作要求有哪些

（1）皮带输送机启动前，应调整好输送带松紧度，带扣应牢固；轴承、齿轮、链条等传动部件应良好，托辊和防护装置应齐全，电气保护接零或接地应良好，输送带与滚筒宽度应一致；启动时应先空载运转，待运转正常后，方可均匀装料，不得先装料后启动；当数台输送机串联送料时，应从卸料一端开始按顺序启动、倒序停止，待全部运转正常后，方可装料。运输中需停机的，应先停止装料，待输送带上物料卸完后，方可停机。

（2）加料时，应对准输送带中心并宜降低高度，减少落料对输送带、托辊的冲击。加料应保持均匀。作业中，应随时观察机械运转情况，当发现输送带有松弛或走偏现象时，应停机进行调整。输送带打滑时，严禁用手拉动；严禁运转时进行清理或检修作业。

（3）调节输送机的卸料高度，应在停车时进行。调节后，应将连接螺母拧紧，并应插上保险销。运输中需要停机时，应先停止装料，待输送带上物料卸净后，方可停机。当电源中断或其他原因突然停机时，应立即切断电源，将输送带上的物料清除掉，待来电或排除故障后，方可再接通电源启动运转。

（4）螺旋输送机工作人员在运行期间严禁跨越螺旋输送机、严禁开启盖板、严禁人体或其他杂物伸进螺旋输送机内。非当班人员严禁操作螺旋输送机，非本机工作人员严禁进入螺旋输送机廊道。螺旋输送机严禁超负荷强力输送。维修或清理内部等危险作业时必须执行锁闭程序。

（5）输送机易堵塞部位应设置疏通装置，在无安全措施的条件下严禁人工疏导。

（6）运行中的带式输送机，如输送带着火应先停机再灭火；若托辊着火，先灭火再停机。

（7）作业人员在进入料仓前应确保系有安全带，清理料仓前应切断电、气源，设立警示牌，并安排专人监护。

206. 搅拌系统的安全操作要求有哪些

（1）搅拌机开机前应确保设备完好、设备周边无人、工作区域内无安全警示牌，并宜鸣警示铃提醒相关工作人员，确认无异常后方可启动设备。

（2）检修或清理搅拌机时应切断动力源、泄压，并严格执行锁闭程序；进入搅拌罐内应使用12V的照明手灯；设立警示标志，设专人监护，确认无误后方可进入搅拌机进行作业。

（3）进入搅拌机内，应佩戴安全帽、着长袖工服、佩戴防护眼镜、穿着防砸鞋；清理搅拌罐时应佩戴耳塞和防尘口罩。

（4）检修或清理搅拌机工作完成后，仍应按闭锁要求取回安全警示牌，取消对搅拌机轴的固定装置，检查确认无误后方可合闸。

（5）应定期检查搅拌系统的安全连锁装置。

207. 安全标志及标识的管理要求有哪些

企业应根据作业场所的实际情况，在有较大危险因素的作业场所和设备设施上，设置明显的安全警示标志，进行危险提示、警示，告知危险的种类、后果及应急措施等。应在设备设施检维修、施工、吊装等作业现场设置警戒区域和警示标志，在检维修现场的坑、井、洼、沟、陡坡等场所设置围栏和警示标志。

（1）交通方面：直行、左转、右转、单向行驶；禁止通行、禁止进入、禁止左转、禁止右转、禁止掉头、限制速度、禁止停车；下坡路、注意行人、注意儿童、易滑路面等。

（2）电气安全：禁止吸烟、禁止烟火、禁止合闸、未经许可严禁入内、高压危险禁止攀登、禁止靠近；注意安全、当心触电、当心电缆等。

（3）消防安全：安全出口、紧急出口、火警电话、消防水龙带、灭火器、易燃气体、易燃液体、火警报警、室内消火栓、地上消火栓、当心火灾等。

（4）厂区及工作区域安全标志：禁止入内、当心落物、当心滑跌、当心吊物、当心碰头等。

（5）防护用品标志：必须佩戴安全帽、必须穿工作服、必须戴防尘口罩、必须戴防护眼镜、必须戴护耳器、必须系好安全带、必须戴防护手套；注意防尘、噪声有害等。

208. 事故的定义及其类型是什么

事故是指造成人员伤害、死亡、职业病或设备设施等财产损失和其他损失的意外事件。事故有生产事故和企业职工伤亡事故之分。生产事故是指生产经营活动（包括与生产经营有关的活动）过程中，突然发生的伤害人身安全和健康或者损坏设备、设施或者造成经济损失，导致原活动暂时中止或永远终止的意外事件。

按照《企业职工伤亡事故分类》（GB 6441—1986）将企业职工伤亡事故分为二十类，分别为物体打击、车辆伤害、机械伤害、起重伤害、触电、淹溺、灼烫、火灾、高处坠落、坍塌、冒顶片帮、透水、放炮、瓦斯爆炸、火药爆炸、锅炉爆炸、容器爆炸、其他爆炸、中毒和窒息以及其他伤害等。

预拌混凝土操作员工作期间，特别是从事设备维修工作时，可能遭遇的主要事故包括物体打击、车辆伤害、机械伤害、起重伤害、触电、淹溺、高处坠落、中毒和窒息等。

209. 什么是事故隐患

事故隐患指作业场所、设备及设施的不安全状态，人的不安全行为和管理上的缺陷，是引发安全事故的直接原因。其中，人的不安全行为（不遵守安全规程、不佩戴劳动防护用品等）是主要原因。

210. 操作岗位存在的危险因素、事故类型及管控措施有哪些

操作岗位存在的危险因素、事故类型及管控措施见表3-1。

表3-1 操作岗位存在的危险因素、事故类型及管控措施

作业环节		危险因素	事故类型	管控措施			
序号	名称			工程技术	管理措施	个体防护	应急处理
1	上下楼梯	照明不良，地面有杂物、积水等，下楼梯未扶扶手等。	高处坠落，其他伤害	按照标准设置、制作护栏、栏杆	开展行为安全检查，指导员工建立安全行为习惯	穿戴好安全帽、工作服、鞋等劳动防护用品	配备医药箱、临时急救或拨打急救电话120
2	使用空压机作业或者使用电气设备	空压机运行时，肢体误接触设备旋转部位；压缩空气管道、阀门承受高压时破损飞出伤害人；电气线路破损，导致人员触电等	物体打击，触电	安装漏电保护器	制定操作员安全操作规程		
3	配合维修人员进行维修作业	未与维修人员沟通好，私自操作或者私自送电	机械伤害，触电	安装漏电保护器	制定操作员安全操作规程		
4	开关电气设备	电脑操作、开关空压机及照明设施等时触碰带电设备	触电	安装漏电保护器	制定操作员安全操作规程		

211. 主要设备存在的危险因素、事故类型及管控措施有哪些

（1）脉冲除尘器。

脉冲除尘器存在的危险因素、事故类型及管控措施见表3-2。

表 3-2 脉冲除尘器存在的危险因素、事故类型及管控措施

检查项目		危险因素	事故类型	管控措施			
序号	名称			工程技术	管理措施	个体防护	应急处理
1	电气线路	线路破损，未穿管保护	触电	线路穿管	定期检查	佩戴劳动防护用品	配备医药箱、临时急救或拨打急救电话120
2	是否排气	不能正常排气	其他伤害	—			
3	操作箱	接线不牢固，按钮损坏等	触电	及时更换损坏的操作元件			

（2）搅拌机。

搅拌机存在的危险因素、事故类型及管控措施见表3-3。

表 3-3 搅拌机存在的危险因素、事故类型及管控措施

检查项目		危险因素	事故类型	管控措施			
序号	名称			工程技术	管理措施	个体防护	应急处理
1	电机	电机接线不牢固，有异常响声，电机接地装置不良，接地电阻大于4Ω	触电	设置接地装置	定期检查电机接线和接地、轴承润滑情况	佩戴劳动防护用品	配备医药箱、临时急救或拨打急救电话120
2	护栏	护栏缺失或损坏	其他伤害	设置护栏	定期查看护栏是否损坏		
3	紧急停机开关	紧急停机开关缺失或失灵	其他伤害	设置紧急停机开关	定期测试紧急停机开关是否灵敏有效		
4	限位开关	限位开关缺失或失灵	其他伤害	安装限位开关	定期测试限位开关是否灵敏有效		
5	传动皮带	防护罩缺失、破损，或固定不牢固	机械伤害	安装防护罩	定期检查防护罩、固定螺栓		
6	操作面板	操作面板按钮损坏	触电	及时更换损坏的操作元件	定期检查操作面板		
7	电气线路	线路破损，未穿管保护	触电	线路穿管	定期检查线路		

（3）皮带减速机。

皮带减速机存在的危险因素、事故类型及管控措施见表3-4。

表 3-4　皮带减速机存在的危险因素、事故类型及管控措施

检查项目		危险因素	事故类型	管控措施			
序号	名称			工程技术	管理措施	个体防护	应急处理
1	传动皮带	防护罩缺失、破损，或固定不牢固	机械伤害	安装防护罩	定期检查防护罩、固定螺栓	佩戴劳动防护用品	配备医药箱、临时急救或拨打急救电话120
2	紧急停机开关	紧急停机开关缺失或失灵	其他伤害	设置紧急停机开关	定期测试紧急停机开关是否灵敏有效		
3	电气线路	线路破损，未穿管保护	触电	线路穿管	定期检查线路		
4	电机	电机接线不牢固，有异常响声，电机接地装置不良，接地电阻大于4Ω	触电	设置接地装置	定期检查电机接线和接地、轴承润滑情况		
5	转动部位	防护罩缺失、破损，或固定不牢	机械伤害	安装防护罩	定期检查防护罩、固定螺栓		

（4）螺旋输送机。

螺旋输送机存在的危险因素、事故类型及管控措施见表3-5。

表 3-5　螺旋输送机存在的危险因素、事故类型及管控措施

检查项目		危险因素	事故类型	管控措施			
序号	名称			工程技术	管理措施	个体防护	应急处理
1	电机	电机接线不牢固，有异常响声，电机接地装置不良，接地电阻大于4Ω	触电	设置接地装置	定期检查电机接线和接地、轴承润滑情况	佩戴劳动防护用品	配备医药箱、临时急救或拨打急救电话120
2	旋转声响	有杂音	其他伤害	—	定期检查声响		
3	电气线路	线路破损，未穿管保护	触电	线路穿管	定期检查线路		

212. 什么是应急预案

应急预案是指针对具体设备、设施、场所和环境，在安全评价的基础上，为降低事故造成的人身、财产与环境损失，就事故发生后的应急救援机构和人员，应急救援的设备、设施、条件和环境，行动的步骤和纲领，控制事故发展的方法和程序等，预先做出的科学而有效的计划和安排。

213. 什么是作业票

作业票也称工作票，是检修人员在生产现场、设备、系统上进行检修、维护、安

装、改造、调试等工作的书面依据和安全许可证,是检修、运行人员双方共同持有、共同强制遵守的书面安全约定。操作员在进行以下危险作业时必须办理作业票并做好监护:清理主机作业、高空作业、交叉作业、临时用电作业、清仓作业、受限空间作业、高温作业、维修更换筒仓安全阀作业。

3.2 职业健康

214. 职业健康的定义是什么
职业健康是指对生产过程中产生的有害员工身体健康的各种因素所采取的一系列治理措施和卫生保健工作。

215. 职业病和法定职业病的概念是什么
职业病是指企业、事业单位和个体经济组织等用人单位的劳动者在职业活动中,因接触粉尘、放射性物质和其他有毒、有害因素而引起的疾病。在法律意义上,职业病有一定的范围,指政府主管部门列入"职业病名单"的职业病,也就是法定职业病,法定职业病是由政府主管部门所规定的特定职业病。法定职业病诊断、确诊、报告等必须按《中华人民共和国职业病防治法》的有关规定执行。只有被依法确定为法定职业病人员,才能享受工伤保险待遇。

216. 职业病危害的定义是什么,有哪些种类
职业病危害是指对从事职业活动的劳动者可能导致职业病的各种危害。职业病危害因素包括职业活动中存在的各种有害的化学、物理、生物因素以及在作业过程中产生的其他职业有害因素。

根据《职业病危害因素分类目录》,职业病危害因素分为粉尘、化学因素、物理因素、放射性因素、生物因素和其他因素等六类。

(1) 粉尘:矽尘、煤尘、石墨粉尘、炭黑粉尘、石棉粉尘等五十二种。
(2) 化学因素:砷化氢、氯气、二氧化硫、氨气等三百七十五种。
(3) 物理因素:噪声、高温、气压、振动、激光灯等十五种。
(4) 放射性因素:非封闭放射性物质、X射线装置(含CT机)产生的电离辐射等八种,以及未提及的可导致职业病的其他放射性因素。
(5) 生物因素:布鲁氏菌、森林脑炎病毒、炭疽芽孢杆菌等五种,以及未提及的可导致职业病的其他生物因素。
(6) 其他因素:金属烟、井下不良作业条件和刮研作业三种。

预拌混凝土操作员从事设备维修工作时,可能遭遇的主要职业病危害因素是粉尘、噪声和高温。

217. 生产性粉尘及其危害是什么
企业在进行原料破碎、过筛、搅拌的过程中,常常会散发出大量微小颗粒,在空气中浮悬很久而不落下来,这就是生产性粉尘。生产性粉尘进入人体后,根据其性质、沉积部位和数量的不同,可引起不同的病变:

(1) 尘肺病：十三种。

(2) 粉尘沉着症。

(3) 有机粉尘引起的肺部病变：棉尘病、职业性过敏性肺炎、职业性哮喘等。

(4) 其他呼吸系统疾病：炎症、哮喘、慢性阻塞性肺疾病、肿瘤等。容易并发肺气肿、肺心病及肺部感染等疾病。

(5) 局部作用：刺激和损伤导致皮肤病变（阻塞性皮脂炎、粉刺毛囊炎、脓皮病）。

(6) 中毒作用：铅、砷、锰等粉尘可引起中毒。

生产性粉尘对从事设备维修工作的预拌混凝土操作员可能造成的主要危害是局部作用。

218. 粉尘综合治理的八字方针是什么

综合防尘措施可概括为八个字，即"革""水""密""风""管""教""护""检"。

(1) 革：工艺改革。以低粉尘、无粉尘物料代替高粉尘物料，以不产尘设备、低产尘设备代替高产尘设备，这是减少或消除粉尘污染的根本措施。

(2) 水：湿式作业可以有效地防止粉尘飞扬。

(3) 密：密闭尘源。使用密闭的生产设备或者将敞口设备改成密闭设备。这是防止和减少粉尘外逸，治理作业场所空气污染的重要措施。

(4) 风：通风排尘。受生产条件限制，设备无法密闭或密闭后仍有粉尘外逸时，要采取通风措施，将产尘点的含尘气体直接抽走，确保作业场所空气中粉尘浓度符合国家卫生标准。

(5) 管：领导要重视防尘工作，防尘设施要改善，维护管理要加强，确保设备良好、高效运行。

(6) 教：加强防尘工作的宣传教育，普及防尘知识，使接尘者对粉尘危害有充分的了解和认识。

(7) 护：受生产条件限制，在粉尘无法控制或高浓度粉尘条件下作业时，必须合理、正确地使用防尘口罩、防尘服等个人防护用品。

(8) 检：定期对接尘人员进行体检；对从事特殊作业的人员应发放保健津贴；有作业禁忌证的人员，不得从事接尘作业。

219. 生产性噪声及其危害

生产性噪声是指在生产过程中，由于机器转动、气体排放、工件撞击与摩擦等所产生的噪声。噪声对人体的危害是多方面的，主要表现在以下几个方面：

(1) 损害听觉。短时间暴露在噪声下，可引起以听力减弱、听觉敏感性下降为表现的听觉疲劳。长期暴露在噪声下，可引起永久性耳聋。噪声在80dB（A）以下，一般不致引起职业性耳聋；噪声在80dB（A）以上，对听力有不同程度影响；而噪声在95dB（A）以上，对听力的影响比较严重。听力损伤的发展过程首先是生理性反应，后出现病理性改变。生理性听力下降的特点为脱离噪声环境一段时间后即可恢复，病理性听力下降则不能完全恢复或完全不能恢复。

(2) 引起各种病症。长时间接触高声级噪声，除引起职业性耳聋外，还可引发消化不良、食欲不振、恶心、呕吐、头痛、心跳加快、血压升高、失眠等病症。

（3）引起事故。强烈噪声可导致某些机器、设备、仪表甚至建筑物的损坏或精度下降，在某些特殊场所，强烈的噪声可掩盖警告声响，引起设备损坏或人员伤亡事故。

生产性噪声对从事设备维修工作的预拌混凝土操作员可能造成的主要危害是生理性听力下降。

220. 防止生产性噪声危害的措施有哪些

（1）执行工业企业噪声卫生标准。我国 1979 年公布的《工业企业噪声卫生标准》（试行草案）是根据 A 声级制定的，以语言听力损伤为主要依据并参考其他系统的改变。规定工作地点噪声容许标准为 85dB（A），现有企业暂时达不到的可适当放宽，但不得超过 90dB（A）。另有规定接触不足 8h 的工作，噪声标准可相应放宽，即接触时间减半容许放宽 3dB（A），但无论时间多短，噪声强度最大不得超过 115dB（A）。

（2）控制和消除噪声源。这是防止噪声危害的根本措施。应根据具体情况采取不同的方式解决，对鼓风机、电动机可采取隔离措施或移出室外；对风动工具可采用改进工艺等技术措施解决；此外，加强维修降低不必要的附件或松动的附件的撞击噪声。

（3）合理规划和设计厂区与厂房。产生强烈噪声的工厂与居民区以及噪声车间和非噪声车间之间应有一定距离（防护带）。

（4）采取控制噪声传播和反射的技术措施，如吸声、消声、隔声、隔振等。

（5）个体防护。主要保护听觉器官，在作业环境噪声强度比较高或在特殊高噪声条件下工作，佩戴个人防护用品是一项有效的预防措施。

（6）定期对接触噪声的工人进行健康检查，特别是听力检查，观察听力变化情况，以便早期发现听力损伤，及时采取有效的防护措施。应进行就业前体检，取得听力的基础材料，并对患有明显听觉器官、心血管及神经系统疾病者，禁止其参加强噪声的工作。就业后半年内进行听力检查，发现有明显听力下降者应及早调离噪声作业，以后应每年进行一次体检。

（7）合理安排劳动和休息时间，实行工间休息制度。

221. 高温作业的定义是什么，有哪些危害

在高气温（35~38℃及以上）、高气温合并高气湿（相对湿度超过 80%）或强烈辐射热条件下进行生产劳动称为高温作业。

在高温作业时，人体可出现一系列的生理功能改变，主要表现为体温调节、水盐代谢、循环系统、消化系统、神经系统、泌尿系统等方面的全身适应性变化。当这些变化超过一定限度时，则可产生不良影响，严重者可发生中暑。中暑分为三级：

（1）先兆中暑。高温作业一段时间后，出现大量出汗、口渴、头昏、耳鸣、胸闷、心悸、恶心、四肢无力、注意力不集中等症状，体温正常或略有升高。如能及时离开高温环境，经过休息后短时间内症状即可消失。

（2）轻症中暑。具有先兆中暑的症状，同时体温在 38.5℃ 以上，并伴有面色潮红、胸闷、皮肤灼热等现象；或者皮肤湿冷、呕吐、血压下降、脉搏细而快的情况。轻症中暑在 4~5h 内可恢复。

(3) 重症中暑。除以上症状外，发生昏厥或痉挛；或不出汗，体温在40℃以上。

高温作业对从事设备维修工作的预拌混凝土操作员可能造成的主要危害是先兆中暑。

222. 防暑降温主要措施有哪些

(1) 合理设计工艺过程，改进生产设备和操作方法，减少高温部件。

(2) 合理布置热源。热源尽量布置在车间外，并做好降温。

(3) 隔热。利用水或导热系数小的材料进行隔热。

(4) 通风降温。可采用自然通风和机械通风的形式进行降温。

(5) 合理安排高温作业时间，避免高温作业或缩短连续高温作业时间。

(6) 供给合理饮料和补充营养，提供充足的水分、盐分。

(7) 对从事高温作业的人员进行定期体检。

223. 劳动防护用品的定义是什么

劳动防护用品就是从业人员在劳动过程中为防御物理、化学、生物等有害因素伤害人体而穿戴和配备的各种物品的总称。劳动防护用品又称劳动保护用品或个人防护用品。劳动防护用品分为特种劳动防护用品和一般劳动防护用品。特种劳动防护用品目录由国家安全生产监督管理总局确定并公布；未列入特种劳动防护用品目录的劳动防护用品为一般劳动防护用品。

224. 劳动防护用品如何分类

特种劳动防护用品有六大类二十一种：

(1) 头部护具类：安全帽。

(2) 呼吸护具类：防尘口罩、过滤式防毒面具、自给式空气呼吸器、长管面具等。

(3) 眼（面）护具类：焊接眼面防护具、防冲击眼护具等。

(4) 防护服类：阻燃防护服、防酸工作服、防静电工作服等。

(5) 防护鞋类：保护足趾安全鞋、防静电鞋、防刺穿鞋、胶面防砸安全靴、电绝缘鞋等。

(6) 防坠落护具类：安全带、安全网、密目式安全立网等。

一般劳动保护用品为工作服、防护手套、绝缘鞋、雨靴、雨衣、卫生洗涤用品等。

225. 劳动防护用品的佩戴要求有哪些

(1) 工作服要保持清洁，穿戴合体，敞开的袖口或衣襟，有被机器夹卷的危险，要做到袖口、领口、下摆"三紧"才便于工作。在遇静电的作业场所，要穿防静电工作服。

(2) 安全帽要戴正、系紧护绳。缓冲衬垫要与帽体相距至少32mm的空间，以缓冲高处坠落物的冲击力。安全帽要定期检验，发现下凹、龟裂或破损应立即更换。

(3) 安全带：高处作业（2m以上）必须佩戴安全带。使用时要检查安全带有无破损，挂钩是否完好可靠；安全带要系在腰部，挂钩应扣在身体重心以上的位置，固定靠前，安全带要防止日晒、雨淋，并定期检验。

(4) 防护手套：劳动过程中对手的伤害最直接、最普遍，如磨损、灼烫、刺割等，所以要特别注意对手的防护。防护手套种类很多，有纱手套、帆布手套、皮手套、绝缘手套等，要根据工作的不同佩戴。大锤敲击、车床操作禁止戴手套，以避免缠卷或脱手而造成伤害。

（5）从事电、气焊作业的电、气焊工人必须戴电气焊手套，穿绝缘鞋和使用护目镜及防护面罩。

（6）凡直接从事带电作业的劳动者，必须穿绝缘鞋、戴绝缘手套，防止发生触电事故。

（7）防止职业病作业伤害应佩戴的防护用品：从事有毒、有尘、有噪声等作业的需佩戴防尘、防毒口罩和防噪声耳塞，倒运酸瓶要穿防酸服、防酸靴、戴防酸手套和有机玻璃面罩、口罩，金属探伤作业要穿防射线铅服、戴放射线护目镜，防腐保温作业要穿防粉尘工作服、戴防风眼镜、电焊手套，金属容器内涂刷树脂，戴送气头盔等。

总之，各工种都应配置相应的防护用品，并认真穿戴使用。

3.3　绿色生产

226. 什么是预拌混凝土绿色生产

预拌混凝土绿色生产指在保证质量、安全的前提下，以减排、降耗、节材为主要目标，对混凝土生产全过程实施控制，确保混凝土生产过程中对环境的不利影响最小化的一种生产方式。

与传统预拌混凝土生产方式相比，预拌混凝土绿色生产要求混凝土生产过程中所产生的废水、废浆、废渣以及废弃混凝土应得到循环利用，能够接近"零排放"，生产过程应采用降尘、防尘和隔声、防噪等措施，以最终显著降低生产对环境的负面影响，满足"四节一环保"和可持续发展的要求。

227. 什么是废水、废浆、废渣以及废弃混凝土

废水和废浆都是清洗混凝土搅拌设备、运输设备和搅拌站（楼）出料位置地面所形成的含有较多固体颗粒物的液体。根据固体颗粒物的浓度高低可分为废水和废浆。

当采用压滤机对废浆进行处理时，可产生废水和废渣。

生产后因故未能使用或销售的混凝土为废弃混凝土。废弃混凝土包括废弃新拌混凝土和废弃硬化混凝土。

228. 什么是生产性粉尘

生产性粉尘是预拌混凝土生产过程中产生的总悬浮颗粒物、可吸入颗粒物和细颗粒物的总称。

（1）总悬浮颗粒物是指环境空气中空气动力学当量直径不大于 $100\mu m$ 的颗粒物。

（2）可吸入颗粒物是指环境空气中空气动力学当量直径不大于 $10\mu m$ 的颗粒物，又称 PM10。可吸入颗粒物在环境空气中持续的时间很长，对人体健康和大气能见度的影响都很大。通常来自裸露的地面、水泥路面上行驶的机动车、材料的破碎碾磨处理过程以及被风扬起的尘土等。

(3) 细颗粒物是指环境空气中空气动力学当量直径不大于 $2.5\mu m$ 的颗粒物,又称 PM2.5。细颗粒物能较长时间悬浮于空气中,其在空气中含量浓度越高,就代表空气污染越严重,对人体健康和大气能见度的影响就越大。

229. 设备设施的主要环保要求有哪些

(1) 搅拌站(楼)宜采用整体封闭方式。

(2) 搅拌站(楼)应安装除尘装置,并应保持正常使用。

(3) 搅拌站(楼)的搅拌层和称量层宜设置水冲洗装置,冲洗产生的废水宜通过专用管道进入生产废水处置系统。

(4) 搅拌主机卸料口应设置防喷溅设施。装料区域的地面和墙壁应保持清洁卫生。

(5) 粉料仓应标识清晰并配备料位控制系统,料位控制系统应定期检查维护。

(6) 骨料堆场地面应硬化并确保排水通畅;应建成封闭式堆场,应安装喷淋抑尘装置。

(7) 配料地仓应与骨料仓一起封闭,配料用皮带输送机应侧面封闭且上部加盖。

(8) 应配备运输车清洗装置,冲洗产生的废水应通过专用管道进入生产废水处置系统。

230. 生产废水和废浆的控制要求有哪些

(1) 应配备完善的生产废水处置系统,可包括排水沟系统、多级沉淀池系统和管道系统。排水沟系统应覆盖连通搅拌站(楼)装车层,骨料堆场,砂、石分离机和车辆清洗场等区域,并与多级沉淀池连接;管道系统可连通多级沉淀池和搅拌主机。

(2) 当采用压滤机对废浆进行处理时,压滤后的固体应做无害化处理。

(3) 经沉淀或压滤处理的生产废水用作混凝土拌和用水,应经专用管道和计量装置输入搅拌主机。也可用于硬化地面降尘和生产设备冲洗。

231. 搅拌楼(站)的厂界环境噪声最大限值是多少

依据声环境功能区类别划分,厂界环境噪声最大限值应符合表3-6规定。

表3-6 厂界环境噪声最大限值　　　　　　　　　　单位:dB(A)

声环境功能区域	时段	
	昼间	夜间
以居民住宅、医疗卫生、文化教育、科研设计、行政办公为主要功能,需要保持安静的区域	55	45
以商业金融、集市贸易为主要功能,或者居住、商业、工业混杂,需要维护住宅安静的区域	60	50
以工业生产、仓储物流为主要功能,需要防止工业噪声对周围环境产生严重影响的区域	65	55
高速公路、一级公路、二级公路、城市快速路、城市主干路、城市次干路、城市轨道交通地面段、内河航道两侧区域,需要防止交通噪声对周围环境产生严重影响的区域	70	55
铁路干线两侧区域,需要防止交通噪声对周围环境产生严重影响的区域	70	60

232. 厂区内生产时段粉尘最大限值是多少

厂区内生产时段无组织排放总悬浮颗粒物的 1h 平均浓度应符合下列规定：

(1) 混凝土搅拌站（楼）的计量层和搅拌层不应大于 $1000\mu g/m^3$。

(2) 骨料堆场不应大于 $800\mu g/m^3$。

(3) 搅拌站（楼）的操作间、办公区和生活区不应大于 $400\mu g/m^3$。

附　　录

国家职业技能标准——混凝土工

（2019 年版，节选）

1　职业概况
1.1　职业名称
混凝土工[①]

1.2　职业编码
6-29-01-03

1.3　职业定义
操作混凝土搅拌等设备，进行混凝土的配料与搅拌、浇筑、养护和缺陷修补的人员。

1.4　职业技能等级
本职业四个工种均分设三个等级，分别为：五级/初级工、四级/中级工、三级/高级工。

1.5　职业环境条件
室外，常温，有噪声。

1.6　职业能力特征
具有一定的学习能力，有较强的空间感和计算能力，有准确的观察分析、推理判断能力，手指、手臂灵活。

1.7　普通受教育程度
初中毕业（或相当文化程度）。

1.8　职业技能鉴定要求
1.8.1　申报条件
具备以下条件之一者，可申报五级/初级工：

（1）从事本职业[②]或相关职业[③]学徒期满。

（2）累计从事本职业或相关职业 1 年（含）以上。

具备以下条件之一者，可申报四级/中级工：

（1）取得本职业或相关职业五级/初级工职业资格证书（技能等级证书）后，累计

[①]　混凝土工包括：混凝土搅拌工、混凝土泵送工、混凝土模板工和混凝土浇筑工四个工种。
[②]　本职业：混凝土搅拌工、混凝土泵送工、混凝土模板工和混凝土浇筑工，下同。
[③]　相关职业：建筑工程等，下同。

从事本职业或相关职业工作 4 年（含）以上。

（2）累计从事本职业或相关职业工作 6 年（含）以上。

（3）取得技工学校相关专业①毕业证书（含尚未取得毕业证书的在校应届毕业生）；或取得经审核认定的、以中级技能为培养目标的中等及以上职业学校相关专业毕业证书（含尚未取得毕业证书的在校应届毕业生）。

具备以下条件之一者，可申报三级/高级工：

（1）取得本职业或相关职业四级/中级工职业资格证书（技能等级证书）后，累计从事本职业或相关职业工作 5 年（含）以上。

（2）取得本职业四级/中级工职业资格证书（技能等级证书），并具有高级技工学校、技师学院毕业证书（含尚未取得毕业证书的在校应届毕业生）；或取得本职业或相关职业四级/中级工职业资格证书（技能等级证书），并具有经审核认定的、以高级技能为培养目标的高等职业学校本职业相关专业毕业证书（含尚未取得毕业证书的在校应届毕业生）。

（3）具有大专及以上本职业相关专业毕业证书，并取得本职业或相关职业四级/中级工职业资格证书（技能等级证书）后，累计从事本职业或相关职业工作 2 年（含）以上。

1.8.2　鉴定方式

分为理论知识考试和技能考核。理论知识考试采用笔试、机考等方式为主，主要考核从业人员从事本职业应掌握的基本要求和相关知识要求；技能考核采用现场操作方式，主要考核从业人员从事本职业应具备的技能水平。理论知识考试和技能考核均实行百分制，成绩皆达 60 分及以上者为合格。

1.8.3　监考人员及考评人员与考生配比

理论知识考试中的监考人员与考生的配比不低于 1：15，每个教室不少于 2 名监考人员。技能考核中的考评人员与考生的配比为 1：5，且考评人员为 3 人以上单数。

1.8.4　鉴定时间

理论知识考试时间不小于 120min。技能考核时间为：五级/初级工不少于 120min，四级/中级工不少于 180min，三级/高级工不少于 240min。

1.8.5　鉴定场所设备

理论知识考试在标准教室进行。技能考核在具备能满足技能鉴定所需要工具和设备的专用场所进行，无需考生携带工具和设备。

2　基本要求

2.1　职业道德

2.1.1　职业道德基本知识

2.1.2　职业守则

（1）热爱本职工作，忠于行业准则。

---

① 相关专业：建筑设备安装、建筑装饰、建筑测量、建筑施工、工程造价、工程监理、建筑工程管理、市政工程施工、土建工程检测、燃气热力运行与维护、消防工程技术、硅酸盐材料制品生产等，下同。

（2）遵守法律法规，执行标准规范。
（3）牢记安全第一，提倡文明施工。
（4）重视质量工期，赢得社会信誉。
（5）钻研施工技术，弘扬工匠精神。

2.2 基础知识
2.2.1 混凝土材料
（1）常用水泥、砂、石、矿物掺合料、外加剂的种类和作用。
（2）混凝土的分类和特点及主要技术性能。
（3）混凝土拌和物工作性能的基本要求及检测方法。
（4）混凝土配合比的基本知识。
（5）预拌混凝土的基本知识。

2.2.2 混凝土搅拌
（1）混凝土搅拌的一般要求和步骤。
（2）搅拌对混凝土基本性能的影响。

2.2.3 混凝土泵送
（1）混凝土泵车的种类和适用范围。
（2）泵送对混凝土基本性能的要求。

2.2.4 混凝土模板
（1）模板的种类和适用范围。
（2）模板对混凝土基本性能的影响。

2.2.5 混凝土浇筑
（1）混凝土振捣设备的种类和适用范围。
（2）振捣、养护对混凝土基本性能的影响。

2.2.6 安全文明生产与环境保护知识
（1）现场安全文明生产的基本要求。
（2）安全操作与劳动保护的基本知识。
（3）绿色建筑施工及环境保护的基本知识。

2.2.7 相关法律、法规知识
（1）《中华人民共和国劳动法》相关知识。
（2）《中华人民共和国劳动合同法》相关知识。
（3）《中华人民共和国安全生产法》相关知识。
（4）《中华人民共和国环境保护法》相关知识。
（5）《中华人民共和国特种设备安全法》相关知识。
（6）《中华人民共和国建筑法》相关知识。
（7）《建设工程安全生产管理条例》相关知识。
（8）《建设工程质量管理条例》相关知识。

2.2.8 相关标准与规范知识
（1）《预拌混凝土》（GB/T 14902）相关知识。

(2)《混凝土结构工程施工规范》(GB 50666) 相关知识。
(3)《混凝土泵送施工技术规程》(JGJ/T 10) 相关知识。
(4)《建筑工程绿色施工规范》(GB/T 50905) 相关知识。
(5)《建筑机械使用安全技术规程》(JGJ 33) 相关知识。
(6) 生产区域高处作业安全规范（HG 30013）相关知识。
(7) 生产区域吊装作业安全规范（HG 30014）相关知识

3 工作要求

本标准对五级/初级工、四级/中级工、三级/高级工的技能要求和相关知识要求依次递进，高级别涵盖低级别的要求。

3.1 五级/初级工

3.1.1 混凝土搅拌工

职业功能	工作内容	技能要求	相关知识要求
1. 配料准备	1.1 原材料的品种、规格识别	1.1.1 能看懂混凝土施工配合比对原材料的品种、规格和用量以及混凝土性能的要求 1.1.2 能从外包装或外观识别水泥、骨料的品种规格是否与配合比要求一致	1.1.1 混凝土的组成及性能等级 1.1.2 混凝土配合比的基础知识 1.1.3 水泥的品种、代号、强度等级、包装标识以及作用 1.1.4 骨料的品种、规格、主要质量指标的目测判别及作用
	1.2 原材料的称量	1.2.1 能使用计量器具按施工配合比要求进行人工准确称量各种材料的质量 1.2.2 能使称量误差控制在允许偏差范围内	1.2.1 计量设备的安全生产操作规程 1.2.2 混凝土原材料允许计量偏差要求
2. 搅拌操作	2.1 原材料的投放	2.1.1 能采取正确的原材料投料方式进行投料 2.1.2 能按顺序准确地将原材料投放到搅拌机内	2.1.1 常用的原材料投料方式 2.1.2 不同原材料投料方式的投料顺序
	2.2 混凝土的搅拌	2.2.1 能按规定时间进行充分搅拌 2.2.2 能目测判断混凝土的工作性能 2.2.3 能分批将混凝土拌和物卸至运输设备中，避免撒漏，保持卸料区地面和墙面的清洁卫生	2.2.1 搅拌设备的安全生产操作规程 2.2.2 混凝土搅拌时间的规定 2.2.3 混凝土拌和物工作性能的基础知识
3. 设备维保	3.1 计量设备的维护保养	3.1.1 能对计量设备进行作业前检查和作业后清理维护 3.1.2 能对计量设备进行日常保养	3.1.1 计量设备的作业检查与清理 3.1.2 计量设备的日常保养知识
	3.2 搅拌设备的维护保养	3.2.1 能对搅拌设备进行作业前检查和作业后清理维护 3.2.2 能对搅拌设备进行日常保养	3.2.1 搅拌设备的作业检查与清理 3.2.2 搅拌设备的日常保养知识

3.2 四级/中级工
3.2.1 混凝土搅拌工

职业功能	工作内容	技能要求	相关知识要求
1. 配料准备	1.1 预拌混凝土配合比的输入或调出	1.1.1 能依据原材料标识、仓号判断原材料品种规格是否与配合比要求一致 1.1.2 能准确无误地在工控系统中将配合比输入或调出	1.1.1 预拌混凝土基础知识 1.1.2 矿物掺合料的品种、级别、代号以及作用 1.1.3 混凝土外加剂的品种、代号以及作用 1.1.4 混凝土搅拌站（楼）工控系统的使用方法
	1.2 预拌混凝土生产控制参数输入与设备确认	1.2.1 能将生产控制参数准确无误地输入工控系统 1.2.2 能通过显示器和监视器确认生产线是否处于正常状态	1.2.1 预拌混凝土生产控制参数的知识 1.2.2 预拌混凝土生产工艺流程及其生产设备性能
2. 搅拌操作	2.1 预拌混凝土的计量	2.1.1 能对计量设备进行零点校准 2.1.2 能使用自动计量方式或手动称量方式进行配料	2.1.1 计量设备的零点校准和自检校验 2.1.2 混凝土搅拌站（楼）安全生产操作规程
	2.2 预拌混凝土的搅拌	2.2.1 能按正确顺序开启或关闭生产线上各设备 2.2.2 能核对车号、工程名称与配合比是否一致 2.2.3 能依据监视设备目测混凝土拌和物的工作性能 2.2.4 能依据监视仪表判断混凝土拌和物的匀质性 2.2.5 能依据原材料计量偏差及时调整控制参数 2.2.6 能依据指令或在授权范围内调整施工配合比 2.2.7 能从工控系统中调出已生产保存的计量数据	2.2.1 混凝土搅拌时间的规定 2.2.2 混凝土拌合物工作性能的概念 2.2.3 施工配和比的调整
3. 设备维保	3.1 搅拌站（楼）的报警处置	3.1.1 能对搅拌站（楼）的计量系统报警进行处置 3.1.2 能对搅拌站（楼）的搅拌系统报警进行处置	3.1.1 搅拌站（楼）计量系统的报警处置 3.1.2 搅拌站（楼）搅拌系统的报警处置
	3.2 搅拌站（楼）的日常保养	3.2.1 能对搅拌站（楼）的计量设备进行日常保养 3.2.2 能对搅拌站（楼）的搅拌设备进行日常保养	3.2.1 搅拌站（楼）计量设备的日常保养 3.2.2 搅拌站（楼）搅拌设备的日常保养

3.3 三级/高级工
3.3.1 混凝土搅拌工

职业功能	工作内容	技能要求	相关知识要求
1. 配料准备	1.1 原材料基本性能的检测	1.1.1 水泥凝结时间、强度等基本性能的检测 1.1.2 粉煤灰、矿粉等掺合料的基本性能的检测 1.1.3 砂、石等骨料的含水率、级配、密度等基本性能的检测	1.1.1 水泥性能的检测方法及判定 1.1.2 粉煤灰、矿粉等掺合料的检测方法及判定 1.1.2 砂、石等骨料的检测方法及判定
	1.2 混凝土基本性能的检测	1.2.1 能按规范要求检测混凝土坍落度及扩展度 1.2.2 能按规范要求检测混凝土抗压强度检测	1.2.1 混凝土拌和物性能测试方法 1.2.2 混凝土力学性能测试方法
2. 搅拌操作	2.1 施工配合比的调整	2.1.1 能依据骨料含水率及时调整施工配合比 2.1.2 能依据混凝土工作性能及时调整施工配合比 2.1.3 能依据交货后反馈的混凝土动态质量信息及时调整施工配合比	2.1.1 施工配合比的调整计算 2.1.2 配合比各项参数的知识
	2.2 培训指导	2.2.1 能培训指导五级/初级工混凝土搅拌工 2.2.2 能培训指导四级/中级工混凝土搅拌工	2.2.1 五级/初级工混凝土搅拌工的培训指导方法 2.2.2 四级/中级工混凝土搅拌工的培训指导方法
3. 设备维保	3.1 搅拌站（楼）的常见故障排除	3.1.1 能对搅拌站（楼）的计量系统常见故障进行排除 3.1.1 能对搅拌站（楼）的搅拌系统常见故障进行排除	3.1.1 搅拌站（楼）计量系统常见故障的排除 3.1.2 搅拌站（楼）搅拌系统常见故障的排除
	3.2 搅拌站（楼）的一级保养	3.2.1 能对搅拌站（楼）的计量设备进行一级保养 3.2.2 能对搅拌站（楼）的搅拌设备进行一级保养	3.2.1 搅拌站（楼）计量设备的一级保养 3.2.2 搅拌站（楼）搅拌设备的一级保养

参考文献

[1] 李伟,王红巾,张会华.混凝土搅拌机轴端密封技术的发展[J].建筑机械,2013(2):98-101.

[2] 杨套全.混凝土搅拌机轴端密封的改进[J].建筑机械化,2009(12):77-80.

[3] 王楠.混凝土搅拌站控制系统设计方案分析[J].建筑机械,2011(08):88-94.

[4] 闻邦椿.机械设计手册:第2卷[M].5版.北京:机械工业出版社,2010.

[5] 崔国泰.机械设计基础[M].北京:机械工业出版社,1995.

[6] 孟玲琴,王志伟.机械设计基础[M].北京:北京理工大学出版社,2012.

[7] 张宗平,马士兴.钢缆皮带操作工[M].北京:煤炭工业出版社,2012.

[8] 杨立锦.设备运行状态监测与控制[J].中国煤炭,2001,27(11):39-40.

[9] 37个搅拌站典型故障处理干货,混凝土与水泥制品网,2020-05-04.

[10] 中国建筑科学研究院.预拌混凝土绿色生产及管理技术规程:JGJ/T 328—2014[S].北京:中国建筑工业出版社,2014.

[11] 中国混凝土与水泥制品协会.预拌混凝土企业安全生产规范:JC/T 2533—2019[S].北京:中国建筑工业出版社,2019.